高等职业教育“十四五”规划教材
中国特色高水平高职专业建设计划成
现代农业装备应用技术专业群系列教

玉米全程机械化生产技术

冯艳辉　杜长征　主编

中国农业大学出版社
·北京·

内容简介

《玉米全程机械化生产技术》是一本以任务为导向来讲解玉米种植全程机械化技术的专业教材，是为高等职业院校农牧渔类现代农业装备应用技术专业编写的。本书从玉米种植的流程入手，按耕、种、管、收四大环节的种植顺序向读者详细介绍了玉米生产的全程机械化技术，其中，着重介绍了四大环节所采用的不同作业机械的分类、结构组成、作业特点、操作规程及维修养护，强调了农机与农艺紧密结合的重要性。

总的来说，本书是一本内容丰富、实用性强、指导全面的书籍。这本书将为农机专业的学生、对农业机械感兴趣的初学者及需要提升农业生产效率的资深农民提供宝贵的理论知识和实践指导。

图书在版编目(CIP)数据

玉米全程机械化生产技术 / 冯艳辉，杜长征主编 . -- 北京 ：中国农业大学出版社，2024. 11. --ISBN 978-7-5655-3322-8

Ⅰ. S233. 73

中国国家版本馆 CIP 数据核字第 20246RK546 号

书　　名　玉米全程机械化生产技术

作　　者　冯艳辉　杜长征　主编

策划编辑　许晓婧　张秀环　　**责任编辑**　许晓婧

封面设计　李尘工作室

出版发行　中国农业大学出版社

社　　址　北京市海淀区圆明园西路 2 号　　**邮政编码**　100193

电　　话　发行部 010-62733489，1190　　读者服务部 010-62732336

编辑部 010-62732617，2618　　出　版　部 010-62733440

网　　址　http://www.caupress.cn　　**E-mail** cbsszs@cau.edu.cn

经　　销　新华书店

印　　刷　河北虎彩印刷有限公司

版　　次　2024 年 12 月第 1 版　　2024 年 12 月第 1 次印刷

规　　格　185 mm×260 mm　　16 开本　　10.25 印张　　250 千字

定　　价　33.00 元

编审人员

主　编：冯艳辉（黑龙江农业工程职业学院）

杜长征（黑龙江农业工程职业学院）

副主编：于永梅（黑龙江农垦职业学院）

马啸晴（黑龙江农业工程职业学院）

参　编：王丽杰（黑龙江农业工程职业学院）

邹法毅（黑龙江农业工程职业学院）

王　锋（黑龙江农业工程职业学院）

刘　立（黑龙江农业工程职业学院）

韩　超（黑龙江农业工程职业学院）

杨柏松［凯斯纽荷兰工业（哈尔滨）机械有限公司］

姜云龙（黑龙江农业工程职业学院）

韩　旭（黑龙江农业工程职业学院）

主　审：王金武（东北农业大学）

孙　勇（东北农业大学）

前　　言

本书以党的二十大“全方位夯实粮食安全根基”“确保中国人的饭碗牢牢端在自己手中”的精神为指引，坚持“藏粮于地和藏粮于技”的国家战略，系统地介绍玉米机械化生产的全过程，包括耕整地、播种、田间管理、收获、储藏及秸秆处理等各个环节，为农业从业人员及职业院校培养具备专业知识和技能的农业人才提供全面的技术指导和解决方案。推广和应用玉米全程机械化生产技术，对于促进我国农业现代化、提高农业生产效益、增加农民收入具有重要意义。

本书共分为五部分，第一部分为玉米全程机械化生产概述，由杜长征编写。第二部分到第五部分，即项目一至项目四分别详细阐述了玉米生产的耕整地、播种、田间管理及收获等各个环节的机械化技术和方法。其中项目一和项目二由冯艳辉编写，项目三任务一和任务二由于永梅编写，项目三任务三由马啸晴编写，项目四任务一由王丽杰、邹法毅编写，项目四任务二由王锋、刘立、韩超、杨柏松、姜云龙、韩旭共同编写。

在内容安排上，本书注重理论与实践相结合，力求使读者能够全面了解和掌握玉米全程机械化生产的相关知识和技能；在组织结构上，本书采用以项目-任务为导向的目标引导模式，使读者更扎实地掌握农业作业机械在玉米机械化生产上的应用。

本书特点主要体现在以下几个方面：

1. 系统性：本书对玉米全程机械化生产进行了全面系统的介绍，涵盖了各个环节的关键技术和方法。

2. 实用性：本书注重实用性和可操作性，对各种农业机械化技术和方法进行了详细的阐述和解析，方便读者在实际生产中应用。

3. 新颖性：本书引入了一些新的机械化技术和方法，反映了当前农业科技发展的最新成果。

4. 图文并茂：本书图文配合，方便读者理解和掌握相关知识和技能。

希望本教材能够成为农业职业院校师生提升专业技术的帮手，以及广大农民朋友和农业技术人员的有益参考，为推动我国玉米全程机械化生产的普及和应用发挥积极作用。同时，我们也期待读者在使用过程中提出宝贵的意见和建议，以便我们不断改进和完善。

在本书的编写过程中，得到了许多专家、学者和一线农业从业者的支持和帮助，在此，对他们表示衷心的感谢！特别感谢所有关心和支持本教材编写和出版的人员，也非常感谢您选择这本教材。愿我们在农业现代化的征程中携手共进，共同为我国农业的繁荣和发展贡献力量。

编　者

2024 年 4 月

目　录

概　述

玉米又名玉蜀黍，起源于墨西哥中部或南部高原，16 世纪传播至中国，是俗称或异名最多、世界上分布最广的农作物之一。玉米对土壤要求不高，在沙壤土、壤土、黏土上均可生长；玉米喜温、喜光、喜湿，在高温、高湿、高光照条件下产物累积快；只能通过性繁殖方式得到后代。玉米是关系中国粮食安全的第一大粮食作物，在农业农村经济发展中具有举足轻重的作用。玉米不仅是人们的口粮和“饲料之王”，也是重要的工业原料。

随着中国经济的发展，中国玉米需求增长比生产增长更为强劲，每年需要大量进口，玉米生产全程机械化有助于解放劳动力，在我国有限的耕地上生产出更多的玉米，减轻我国玉米进口压力，进一步确保我国粮食安全。玉米是我国第一大粮食作物，种植面积超过 6 亿亩，其机械化程度已经达到了一定的水平，2018 年全国玉米耕、播、收及综合机械化率分别达到 97.33%、88.73%、75.85%、88.31%。2022 年，玉米机耕率已超过 98%，机播率超过 90%，机收率超过 80%，综合机械化率超过 90%。

玉米生产全程机械化是指在玉米生产的全部环节——耕整地、播种、施肥、植保、中耕、收获（图 0-0-1）、脱粒都使用机械作业，以耕、播、管、收作业为主综合计算玉米生产全程机械化程度，一般各单项作业平均水平达到 85%～90%称为实现玉米生产全程机械化。玉米的精量播种、化肥深施、节水灌溉、高效植保等农业机械化生产作业，可达到有效节种、节肥、节药、节水和节能的目的。因此，发展玉米生产全程机械化有利于发展资源节约型、环境友好型农业，促进农业可持续发展。建设社会主义新农村、发展现代农业必然要求高素质的农村劳动力。全程机械化生产的发展过程很大程度上也是造就高素质新型职业农民的过程。

图 0-0-1　玉米机械收获

（一）机械化耕整地技术

玉米生产全程机械化的第一环节是机械化耕整地作业，机械化耕地可对土地深耕细整，使土质疏松透气、保水保肥，提高玉米的出苗率，达到苗齐、苗壮，为取得玉米丰收打下基础。

机械化耕地整地技术主要有两种方式：一是翻地作业，就是以铧式犁、圆盘耙、钉齿耙、镇压器等配套组合进行作业，先翻地，然后耙地和耢平，主要适用于平播作业。二是联合耕整地作业，就是采用具有旋耕、灭茬、深松和起垄功能的耕整地联合作业机，一次进地完成根茬粉碎、土壤旋耕、耕层松土和起垄作业，适用于垄上播种。

（二）机械化精密播种技术

播种是保证苗全、苗齐、苗壮的重要环节，是增产增收的基础。机械化精密播种可以精确控制播种量、株距和播种深度。

我国使用的精密播种机按排种方式可分为机械式和气力式两种。机械式精密播种机排种器主要有窝眼式、勺轮式和指夹式三种。气力式精密播种机可分为气吹式和气吸式，气力式播种机播种精度高，种子无破损，可以高速作业。为保证播后种子与土壤紧实接触，减少水分流失，播种后要适时进行镇压作业，适当的镇压可改善土壤的坚实程度，在春季干旱多风时减少水分的蒸发，同时还可促进土壤毛细管的形成，调动下部水分不断向上运动，促进作物早出苗、出齐苗、出壮苗。现有的各种型号精密播种机都可以一次完成化肥深施、播种、覆土、起垄、镇压等作业。

（三）中耕施肥技术

根据测土配方施肥技术成果，按各地目标产量、施肥方式及追肥用量，在玉米拔节或小喇叭口期，采用高地隙中耕施肥机具或轻小型田间管理机械，进行中耕追肥机械化作业，一次完成开沟、施肥、培土、镇压等工序。追肥机各排肥口施肥量应调整一致。

（四）喷洒除草剂和农药技术

化学除草与病虫害防治也称植物保护，目的是把病虫草害消灭在造成危害之前。植保机械主要用于喷洒除草剂和农药，同时还可喷施植物生长调节剂。目前我国喷洒除草剂或农药主要采用喷杆式喷药机和无人机。

（五）机械化收获技术

玉米机械收获多年来一直是玉米全程机械化作业技术的瓶颈，近几年这项技术发展较快，玉米联合收获机各种机型基本成熟。玉米收获机按行走方式可分为背负式和自走式两种。

背负式玉米收获机是将收获机挂接在拖拉机上，与拖拉机形成一体，形式与自走式收获机相近。其优点是结构紧凑，价格低廉，转弯半径小。

自走式玉米收获机集动力、行走及工作部件于一体，结构紧凑，性能完善，作业灵活，效率高，质量好，但价格较高。不论是自走式还是背负式收获机，都可以一次完成摘穗、剥皮、集穗、秸秆放铺或秸秆粉碎回收、还田等项作业。

项目一　玉米生产机械化耕整地技术

项目引入

玉米生产全程机械化的第一环节是机械化耕整地作业。机械化耕整地作业是农业生产的基础性工作之一，是农业种植的前提。耕整地机械在农业生产中有多选择性、高效率、土壤破坏性低等优点。但同时耕整地机械在技术和结构上还有很大的差异，因此，需要研究耕整地机械的种类特点，以更深入地理解耕整地对农业生产的作用，促进耕整地机械在农业生产上的更好应用。

深耕应在前茬作物收获后立即进行，使土壤有较长的熟化时间，利于接纳秋冬雨雪，夯实土壤。一般耕深以 22～25 cm 为宜。早春耕地，耕深不能超过原耕层深度，作业后的土壤应细碎、平整，表土层松软并有适宜的压实度，以利于提高土壤湿度。秋整地的好坏直接影响下年春播的质量、进度和农时。秋整地、秋起垄、秋施肥，“三秋”整地对于提高地温、提前种植、一次播种保全苗、增加积温、提高玉米品质、降低玉米收获时水分、提前销售、提高作物产量和实现地块产量均衡具有重要意义。

◆ 项目描述

耕整地的目的和作用：加深耕层，为作物根系提供深厚的活动层。根深才能叶茂，作物才能高产。若要根系深扎，土层太硬不行。通过深耕整地，创造深厚疏松的耕作层，为根系的顺利伸展和下扎提供有利条件；恢复土壤结构，促进土壤熟化。机械化耕整地可对土地深耕细整，使土质疏松透气、保水保肥，提高玉米的出苗率，达到苗齐、苗壮的要求，为取得玉米丰收打下基础。

田间土壤受雨水冲击和农事作业的机械作用，表层土壤结构破坏，耕层变得紧实，形成水、气通透不良的状态。通过耕松并翻转耕层，上、下层土壤交换，土表粪肥、残茬等有机质翻埋到下层。通过冻融交替、干湿交替和作物根系的作用，把大而硬的土块变得酥而散，逐渐恢复土壤结构，同时把结构性已经变好的下层土壤翻至上层，有利于透水通气，消灭部分杂草，减少有害生物的危害。秋季作物收获后对土地进行翻耕最好，这样做能使土壤熟化时间延长，更多接受到秋冬的雨雪，起到蓄水保墒、夯实土壤的作用。耕翻时，将上层土壤连同地面的杂草种子、残茬以及寄宿在上面的病菌和害虫翻至下层，把潜藏在下层越冬的病菌虫卵翻至地表，都会对杂草、病菌、害虫和虫卵造成极端不利的生存条件，使之腐烂、冻死。而且通过提高耕整地机械作业标准，使地面平整，便于农业生产下一环节的机械播种深浅一致，出苗齐，这样还可提高灌溉质量，利于缩小蒸发面，减少水分蒸发等。如果是早春耕地，耕深不要打破原来的犁底层，作业后应使土壤细碎、地面平整，表土层既要松软度又要有一定的压实度，从而有利于提墒保墒。

耕整地作业包括翻地、深松、耙地、耢地、镇压、起垄等。耕整地机械可分为三大类，即翻地机械、整地机械及联合整地机械，目前随着大马力拖拉机的成功应用，联合整地机也已在田块大的地区广泛使用。

◆ **知识目标**

熟知耕整地机械的分类；
理解耕整地机械的原理和作用；
详细了解耕整地机械的调整及维修保养；
掌握不同耕整地机械在玉米生产上的应用技术。

◆ **能力目标**

会合理选用不同的耕整地机械；
能按农艺要求对不同耕整地机械进行调整；
能快速发现和解决耕整地机械在工作中出现的问题；
能分析和判断不同耕整地机械的效率、效果情况并调整到最佳状态。

◆ **素质目标**

树立服务“三农”意识，激发爱国热情，培养良好的职业道德；
培养良好的农机使用意识，弘扬工匠精神；
培养良好的学习习惯，形成严格自律的自我学习能力；
培养良好的交流、协作意识，形成较强的沟通交流和团队协作能力；
培养良好的信息检索习惯，形成较强的信息检索能力。

◆ **项目任务**

学生按农艺要求的实际应用，全面掌握玉米全程机械化生产中不同耕整地机械的作业技术；通过对翻、松、耙、耢、起(垄)、压等农艺过程与对应机具的实际运用，系统地掌握不同耕整地机械的作业原理、应用环境及现实作用；同时掌握土壤勘察、机型选定、机车状态调整、作业路径选择等耕整地前期工作以及作业后的机具机车保养、入库封存等技术规程。

项目知识准备

回答以下问题，系统了解玉米机械化生产的耕整地技术。

问题 1-0-1：耕整地机械都有哪些？

问题 1-0-2：耕整地机械各有什么作用？

问题 1-0-3：不同耕整地机具各有什么优缺点？

问题 1-0-4：耕地和整地的区别是什么？

问题 1-0-5：在耕整地之前应做什么准备工作？

问题 1-0-6：翻地的技术要求是什么？

问题 1-0-7：播前深松的技术要求是什么？

问题 1-0-8：耙地的技术要求是什么？

问题 1-0-9：起垄的技术要求是什么？

问题 1-0-10：镇压的技术要求是什么？

问题 1-0-11：什么是保护性耕作？

项目实施

任务一 机械化耕地作业

一、任务引入

耕地作业包括翻地和深松两种作业，翻地是农业耕作中的第一步作业，其主要目的是通过翻耕，将压实板结的表层土壤连同地表杂草、残茬、虫卵、草籽、绿肥或厩肥等一起埋到土壤下层，起到松碎土壤，改善耕层结构，促进土壤中的水、肥、气、热相互协调，消灭杂草和病虫，提高土壤肥力的作用，为作物生长发育创造良好的土壤条件。深松作业只松土而不翻土，可以打破坚硬的犁底层，加深耕作层，增加土壤透气和透水性，利于降水入渗，改善作物根系生长环境，同时深松作业后耕层土壤不被扰乱，动土量小，减少了翻耕后裸露的土壤水分蒸发损失而使耕层保持肥力和水分。深松作业是一项在世界各地得到广泛应用的农业增产技术，多用于保护性耕作。

❖ 任务描述

翻地作业一般选择在秋天，秋季雨水常常比春季多，秋翻地能够多积蓄秋冬雨雪，弥补春墒不足，使秋雨春用。秋翻地不仅能改善土壤、加深耕层、消灭病虫害、清除杂草，还具有蓄水保墒、防御旱涝的作用。秋翻地可节省劳力，避免在春季农忙时争抢时间。秋翻地要翻早不翻晚，掌握适宜耕翻深度，这样才能有充分的时间进行土壤熟化，建立土壤耕层水库，实现秋墒春用。

翻地作业在特殊情况下也可在春季进行。如秋雨过大、秋收时间过短，或是种植户自身原因无法进行秋翻的，可以在第二年解冻后进行春翻，但相对于秋翻效果会差一些。

❖ 任务步骤分解

翻地作业的流程如图 1-1-1 所示。

勘察田间情况 ⇨ 选择适用机具 ⇨ 调整车具状态 ⇨ 翻地作业 ⇨ 保养封存

图 1-1-1　翻地作业流程图

二、任务前知识准备

问题 1-1-1:翻地的作用是什么?

问题 1-1-2:翻地的农时为何时?

问题 1-1-3:用于翻地的机械有哪些?

问题 1-1-4:翻地前要做哪些准备工作?

问题 1-1-5:农艺上对翻地有什么要求?

问题 1-1-6:翻地机械的调整和保养有哪些内容?

问题 1-1-7:深松机的作用是什么?

问题 1-1-8:深松机的类型有哪些?

问题 1-1-9:深松机的调整和保养有哪些内容?

三、任务实施

❖ 步骤 1:勘察田间情况

问题 1-1-10:翻地时,对土壤含水率有什么要求?

问题 1-1-11:地块的大小和形状对翻地作业有什么影响?

问题 1-1-12:地表的秸秆情况对翻地有怎样的影响?

问题 1-1-13:对于不符合翻地农艺要求的秸秆应如何处理?

翻地前要注意土壤湿度、土壤黏重程度、地块大小及地表秸秆等情况。土壤含水量在18%～22%时翻地适宜，翻后土壤细碎，保墒保苗效果好，并且翻地阻力小，工效高；秋翻应优先翻耕土质黏重的地块，以达到疏松土壤、加速土壤熟化的目的；地块大小及形状影响翻地机车机具的选择，面积大、形状较规则的地块适合选用大型农机具；地表秸秆的长度和均匀度是影响翻地质量的重要因素，一般前茬作物采用机械化收获、收获机自带的秸秆还田装置正常工作的情况下，地表秸秆状况可以达到翻地的要求，秸秆过长和覆盖过于不均，则应该采取一定的措施（如用秸秆还田机进行粉碎或打包离田）进行处理。

❖ **步骤 2**：选择适用机具

问题 1-1-14：不同翻地机械的原理各是什么？

问题 1-1-15：翻地机具是如何起源和演变的？

问题 1-1-16：常用铧式犁的类型有哪些？

问题 1-1-17：圆盘犁的类型有哪些？

翻地作业最常用的机具主要是铧式犁和圆盘犁，深松作业虽然也属于耕地作业，但多用于保护性耕作，采用的主要机具是不同形式的深松机。

（一）铧式犁

铧式犁是世界上使用最广的耕作机械，技术最为成熟，作业范围最广。铧式犁是通过犁体曲面对土壤的切削、碎土和翻扣实现耕地作业的。据了解，铧式犁是源于西方的犁，一般认为欧洲的铧式犁创始于 8 世纪，直到 20 世纪前半期美国人开始推广少耕、免耕法，使用凿式松土机进行深松而不用铧式犁翻耕土壤，表面则用圆盘耙浅耕灭茬，铧式犁的使用才有所减少。世界上的铧式犁分为两大类，东方铧式犁和西方铧式犁（图 1-1-2）。

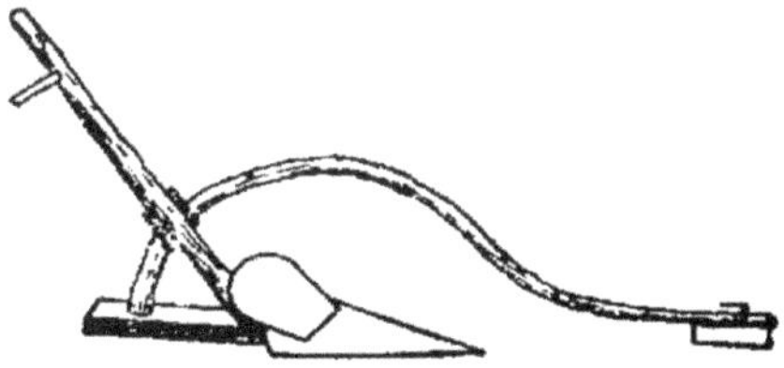

中国传统犁

日本和犁

a. 东方铧式犁

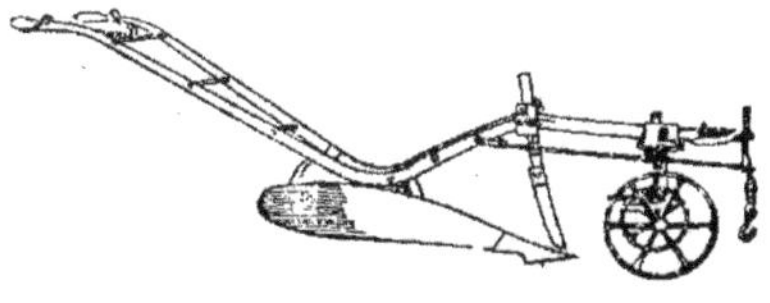

英国传统犁

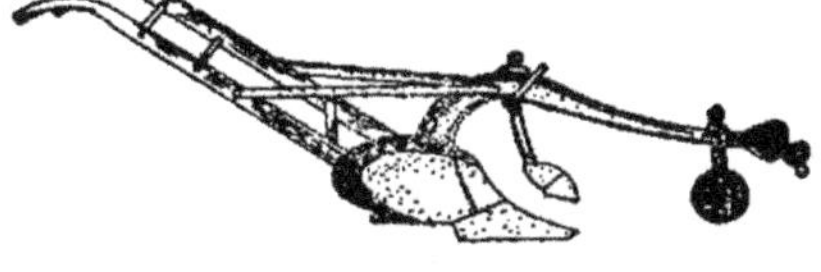

美国畜力犁

b. 西方铧式犁

图 1-1-2　东西方铧式犁

东方铧式犁的犁体有使土垡上窜的作用，称为“窜垡”，东方犁起源于亚洲，中国的传统犁、日本的和犁即属此类。这种窜垡犁有阻力小、重量轻、构造简单、使用方便等特点。

西方铧式犁的犁体则是使土垡就地翻转，称为“滚垡”。西方犁盖草严实，作业时的稳定性较好，适合机力牵引，故现在的机引犁多为西方犁。

铧式犁有其他多种不同的分类方法，如图 1-1-3 所示。

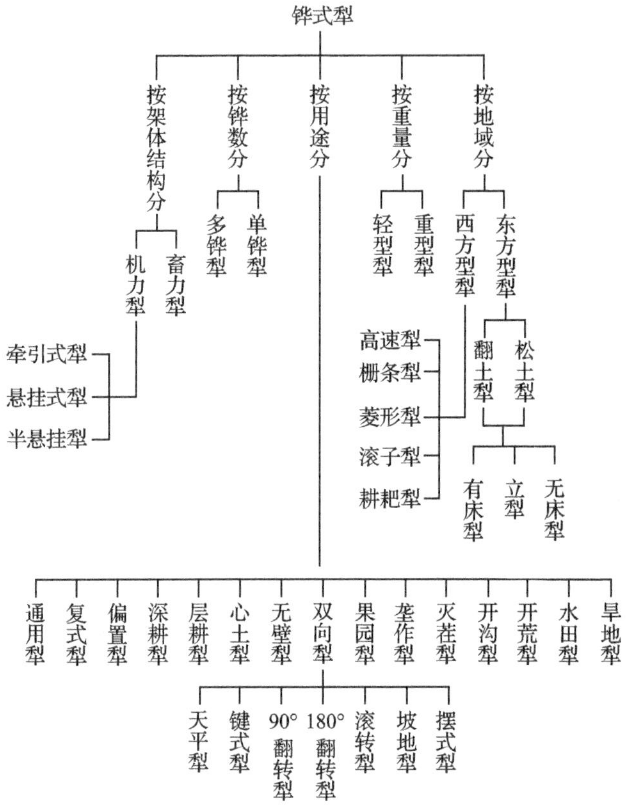

图 1-1-3　铧式犁的分类体系

目前使用最多、结构最典型的是按架体结构分类中的牵引式犁、悬挂式犁、半悬挂犁和按用途分类中的双向犁。

1. 牵引式铧式犁

牵引式铧式犁主要由牵引装置、犁架、地轮、尾轮、圆犁刀、主犁体等组成(图 1-1-4)。犁架 3 由三个轮子支承，沟轮 2 在前一行所开出的犁沟中行走，地轮 14 行走在未耕地上，尾轮 10 行走在最后犁体所开出的犁沟中。水平调节螺杆 4 用来调节地轮 14 相对犁架的高低位置，通过人工旋转调节手轮 5 进行调节，正常作业时需要一个人坐在调节手轮旁调节耕深，劳动强度大，工作环境恶劣。后来随着液压机构的发展，此处调节已通过液压控制，不再需要人工了。

牵引式铧式犁(图 1-1-4)是机力犁中发展最早的一种，在运输状态下，机具的重量全部由机具本身来承担。牵引犁的特点是整机较笨重，结构复杂，作业效率较低，因此到 2000 年后已基本被淘汰。

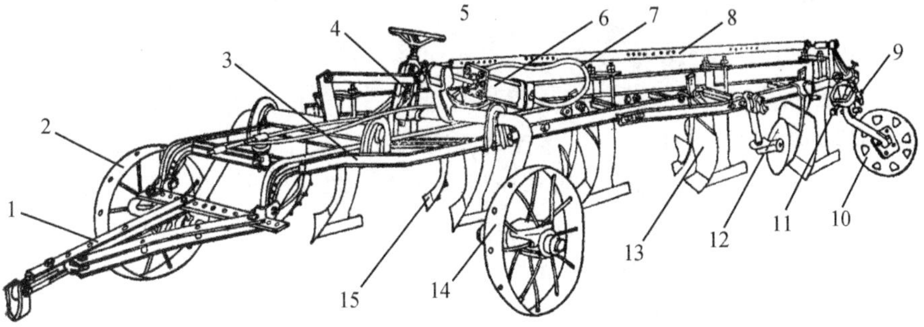

图 1-1-4　牵引式铧式犁

1. 牵引装置　2. 沟轮　3. 犁架　4. 水平调节螺杆　5. 调节手轮　6. 油缸　7. 油管　8. 柔性拉杆　9. 尾轮水平调节螺栓　10. 尾轮　11. 尾轮垂直调节螺栓　12. 圆犁刀　13. 主犁体　14. 地轮　15. 小前犁

2. 悬挂式铧式犁

悬挂式铧式犁(图 1-1-5)一般由犁架、悬挂架、犁体和调节手柄等部件组成,犁通过悬挂架的上悬挂点和两个下悬挂点与拖拉机悬挂机构上下拉杆相铰接,构成一个机组。运输时,将犁悬挂在拖拉机上。与牵引式铧式犁相比,悬挂式铧式犁有如下优点:

①大大减少犁的金属用量。悬挂犁的重量比同样耕幅的牵引犁轻 40%～50%。

②机动性强,生产效率提高。机组转弯半径等于拖拉机的转弯半径,由于缩短了转弯时间,使生产效率大大提高。

③对拖拉机驱动轮的增重较大,有利于拖拉机功率的充分发挥。

④由于取消了地轮、沟轮和尾轮及起落机构等容易磨损的部件,所以犁的使用寿命较长,且维护保养方便。

但这种犁也有缺点:在运输状态下犁的重量全部由拖拉机承担,因此犁越重或重心越靠后,拖拉机的纵向稳定性和操向性越差。这样就限制了犁的结构,长度不能过大,犁体数不能过多。

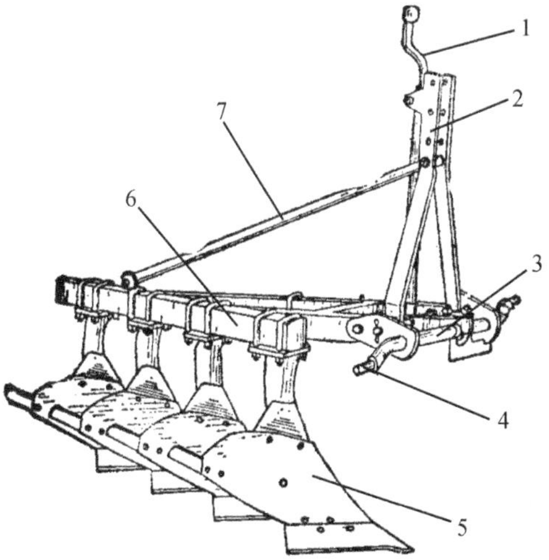

图 1-1-5　悬挂式四铧犁

1. 调节手柄　2. 悬挂架　3. 悬挂轴　4. 曲拐轴销　5. 犁体　6. 犁架　7. 撑杆

3. 半悬挂铧式犁

随着拖拉机功率的不断提高,犁的幅宽也相应增大,即在犁上可配置更多的犁体。由于受到拖拉机纵向稳定性和操向性的限制,悬挂犁的长度不可能过大,于是就出现了介于牵引犁和悬挂犁之间的半悬挂犁(图 1-1-6)。半悬挂犁的前端通过悬挂架与拖拉机液压悬挂系统相连,犁的后端设有限深轮及尾轮机构。由工作位置转换到运输位置时,犁的前端由液压提升器提起;当前端抬升一定高度后,通过液压油缸,使尾轮相对于犁架向下运动,于是犁架后部即被抬升。在运输状态下,半悬挂铧式犁的重量前部分由拖拉机承担,后部分由尾轮承担。尾轮通过操向杆件与拖拉机悬挂机构的固定臂连接,当机组转弯时,尾轮自动操向。其优点是:比牵引犁结构简单,重量减少 30%;机动性、牵引性和跟踪性较好;比悬挂式可配置较多犁体;运输时机组的纵向稳定性得到改善。

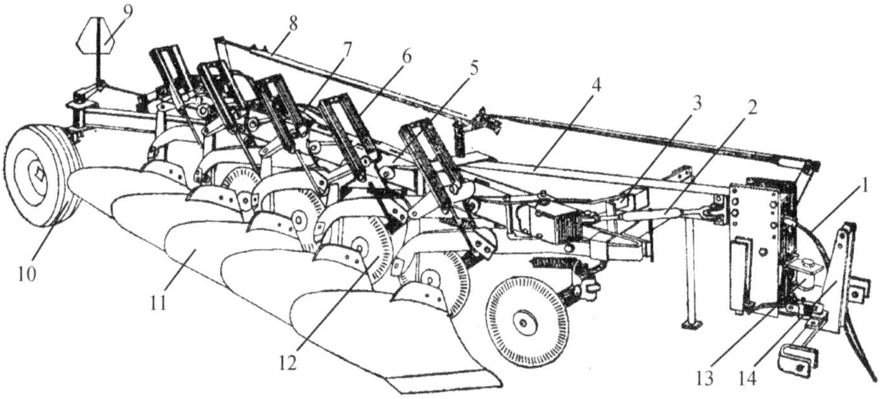

图 1-1-6　半悬挂五铧犁

1. 油管　2. 调节螺杆　3. 弧形板　4. 纵梁　5. 斜梁　6. 安全器　7. 限深轮　8. 尾轮操向杆　9. 公路运输标志　10. 尾轮　11. 犁体　12. 圆盘犁刀　13. 垂直转向轴　14. 挂头架

4. 双向铧式犁

双向铧式犁又叫双向犁,是指在耕地时的来回两个行程中,去的行程如果向右翻垡,返回行程则向左翻垡的犁。用这种犁耕的地,垡片始终向地块的一边翻倒,地表不留沟垄。这种犁耕后地表平整,不必在地块中央或划小区开墒,空行程少。尽管双向犁的构造比较复杂,重量较大,且难以进行耕耙联合作业,但仍得到很大的发展。双向犁的主架,犁铧少的采用悬挂式,犁铧多的采用半悬挂式。

双向犁按基本类型分为两类:一类是用一个犁体兼顾左、右翻垡的兼用型,另一类是左翻和右翻两种犁体交替使用的专用型。

兼用型双向犁又称水平旋转双向犁(图 1-1-7),具有三部分换向机构。

①犁梁换向,以适应前后犁体左、右梯队排列。

②犁柱相对犁梁换向,以保持犁柱朝向机车前进方向的面仍朝前不变。

③犁体曲面换向,以满足左、右翻垡要求。

专用型双向犁也称为翻转犁(图 1-1-8),有 90°翻转式和 180°翻转式。

近年以来,由于拖拉机功率日益增大,故现在的机引双向犁,几乎已全是 180°翻转式。这种双向犁适应性好,故被广泛采用。双向犁没有开闭垄,提高了作业质量,减少了耙地时的能

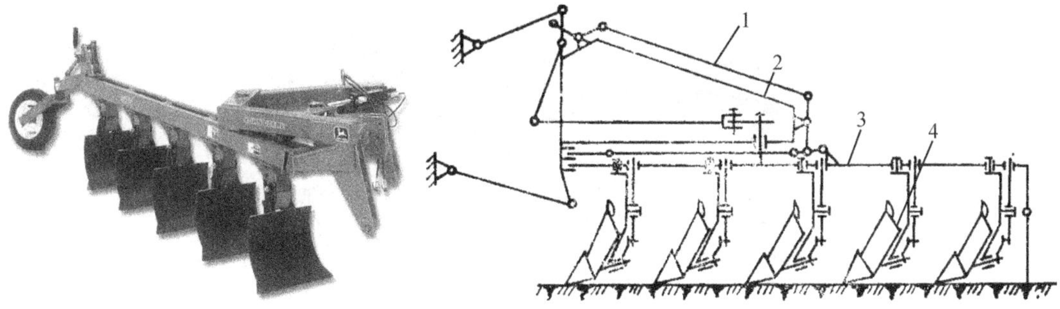

a　　　　b

图 1-1-7　兼用型双向犁

a. 实物图　b. 结构示意图

1. 限位机构　2. 换向机构　3. 犁梁　4. 犁体

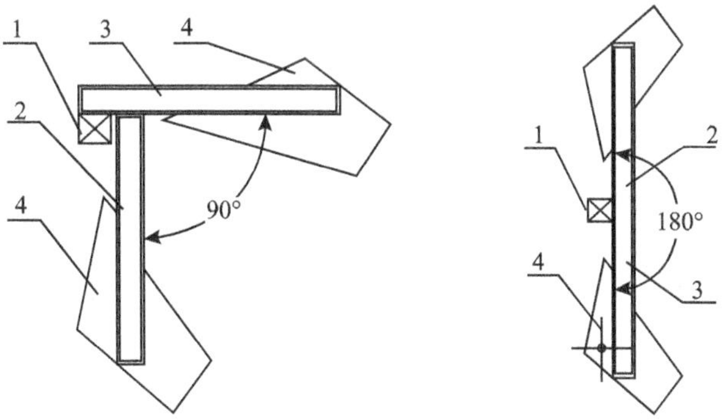

a　　　　b

图 1-1-8　专用型双向犁(翻转犁)

a. 90°翻转犁示意图　b. 180°翻转犁示意图

1. 犁梁　2. 犁柱　3. 犁柱　4. 犁体

源消耗。翻地作业时还要根据拖拉机动力的大小选配翻地犁具。

(二)圆盘犁

圆盘犁(图 1-1-9)是以球面圆盘作为工作部件的耕作机械,它依靠其重量强制入土,入土性能比铧式犁差,土壤摩擦力小,切断杂草能力强。当圆盘犁被拖拉机牵引前进时,圆盘绕其中心轴转动,圆盘周边切开土壤,耕起的土垡沿转动的圆盘凹面上升并向侧后方翻转,耕后留有犁沟。适用于开荒、黏重土壤作业,但翻垡及覆盖能力较弱。价格较高。随着机械制造水平的提高和对性能要求的提高,除无动力的常规型(图 1-1-10)外,又发展出了主动旋转的驱动型圆盘犁(图 1-1-11)。

常规圆盘犁按圆盘安装方式可分为普通型和垂直型两大类。普通圆盘犁和垂直圆盘犁的圆盘回转平面与前进方向之间都有一个 10°～30°偏角,起推移土壤和增强圆盘入土能力的作用。普通圆盘犁的回转平面不与地面垂直,而是略微倾斜,回转平面与地面铅垂线之间有一夹角称为倾角,一般为 30°～45°。具有倾角的普通圆盘犁,其偏角为圆盘的水平直径与前进方向线所夹的锐角。圆盘犁一般都在圆盘凹面的后上方安装刮土器,以防止土壤粘附。刮土器曲面还有协助翻垡的作用。

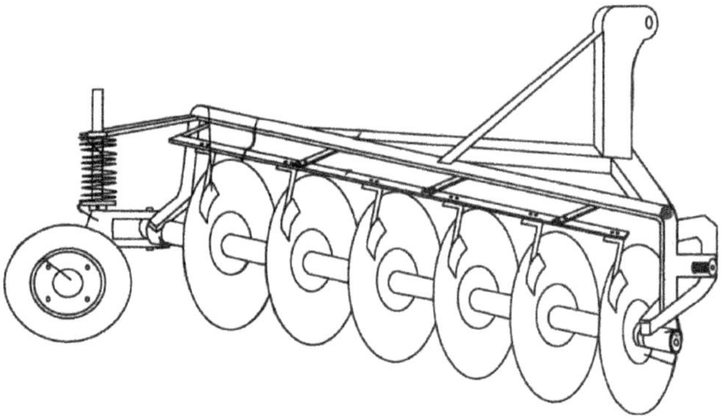

图 1-1-9　圆盘犁

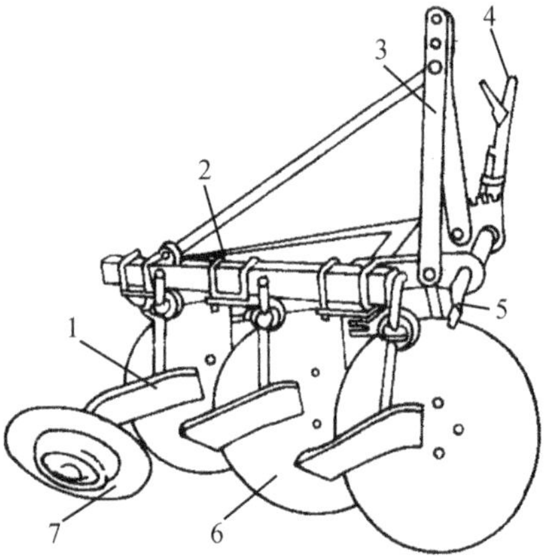

图 1-1-10　常规圆盘犁

1. 刮土器　2. 犁梁　3. 悬挂架　4. 调节柄
5. 控制杆　6. 圆盘　7. 限深轮

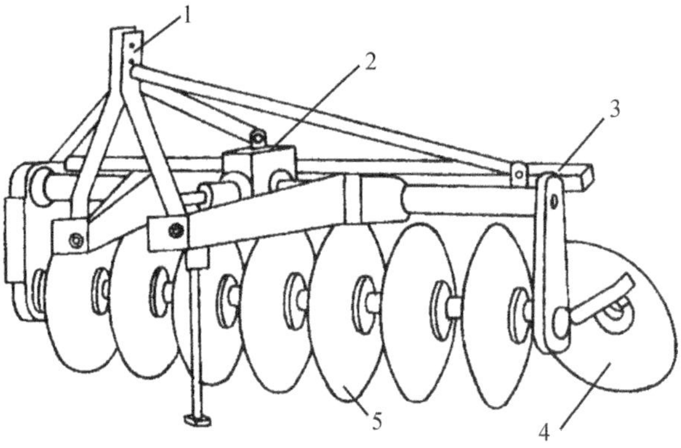

图 1-1-11　驱动圆盘犁

1. 悬挂架　2. 传动箱　3. 齿箱　4. 限深轮　5. 圆盘

普通圆盘犁也有可以向左或向右翻转的双向圆盘犁。安装犁柱的犁梁相对于犁架可以左右水平摆动，以适应圆盘的换向。换向操纵机构有机械式和液压式。双向圆盘犁可使土垡始终向田块的一边翻转，耕后地表平整，不留沟埂。

驱动式圆盘犁于 20 世纪 80 年代在一些国家得到发展，由拖拉机动力输出轴驱动成组的圆盘，使之以大约 120 r/min 的速度旋转，翻垡和碎土效果较好，用于耕潮湿地、稻茬地时能较好地利用拖拉机功率。驱动式圆盘犁包括悬挂架、传动箱、齿箱、限深轮、旋转圆盘等，传动箱一方面以一根花键轴通过一个传动轴与拖拉机动力输出轴相连，作为动力的输入；另一方面还要向左右两侧的齿箱输出动力，齿箱再把动力传递给旋转圆盘。

根据上述各不同机械的结构和功能特点，再针对田间土壤湿度等情况选择最适合的翻地机械。

(三)深松机

所谓深松，指超过正常犁耕深度的松土作业，一般只松土，不翻土，深度可达 30～60 cm。其作用是保持土壤水分，防止表土流失，破坏坚硬的犁底层，增加土壤的透气透水性，改善作物根系的生长环境。在我国一些干旱地区、山区、牧草地都有应用。国内外的应用结果表明，深松对某些作物，特别是根系深的作物，能大幅度提高其产量，是一项重要的增产技术。

深松按作业性质可分为局部深松和全面深松两种。全面深松是用深松犁全面松土，这种方式适于配合农田基本建设，改造耕层浅的土壤。局部深松则是用凿形铲、双翼铲或铧进行松土与不松土相间隔的局部松土。一般来讲，以松土、打破犁底层为目的的常采用全面深松，以打破犁底层、蓄水为主要目的的常采用局部深松。由于间隔深松创造了虚实并存的耕层结构，实践证明，在有的地块间隔深松优于全面深松，因此应用较广。

目前常用的深松机具种类较多，有深松犁（图 1-1-12）、层耕犁、全方位深松机及深松联合作业机等。按作业机具结构原理可分为凿式深松、翼铲式深松、振动深松、鹅掌式深松等。不同深松机具因结构特点不一，作业性能也有一定差异，适用土壤及耕地类型也不同。有些种类的机具兼有局部深松和全面深松的特点，如全方位深松机、振动深松机等。

图 1-1-12　凿式局部深松机

1. 深松犁

深松犁（图 1-1-13）的基本结构包括机架、深松铲体和限深轮等，深松铲体装在机架后横梁上。连接处装有安全销，以便遇到大的障碍时此安全销被剪断，保护深松铲体。铲体分为宽体和窄体，窄体也叫铲柄，下部装有不同形式的深松齿，常见的铲齿有三种形式（图 1-1-14），分别为凿形铲齿、矛形铲齿和双翼铲齿，在土壤中利用挤压力破碎土壤，深松犁底层，没有翻垡能力。限深轮装于机架两侧，用以调整和控制松深度。有些小型深松犁没有限深轮，靠拖拉机的液压悬挂系统来控制深度。

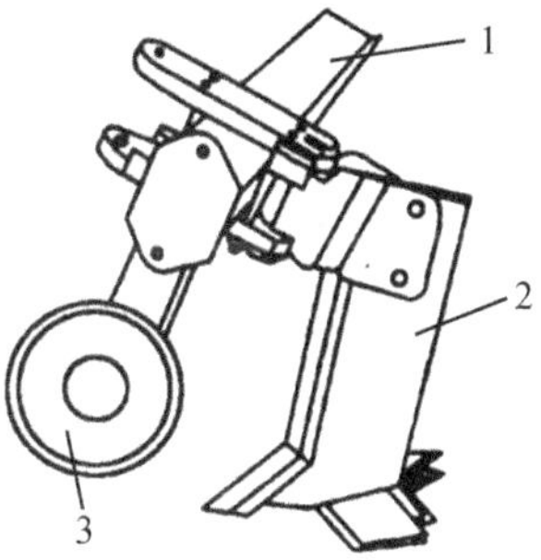

图 1-1-13　深松犁

1. 机架　2. 深松铲体　3. 限深轮

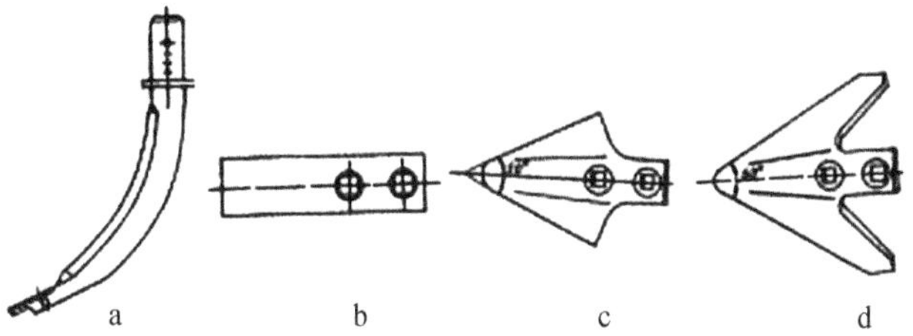

图 1-1-14　深松铲齿与铲柄形式

a. 铲柄　b. 凿形铲齿　c. 矛形铲齿　d. 双翼铲齿

2. 层耕犁

层耕犁（图 1-1-15）是深松铲与铧式犁的一种组合。工作时，铧式犁体在正常耕深范围内翻土，而深松铲将下面的土层松动，达到上翻下松、不乱土层的深耕要求。还有一种层耕犁，上、下两层都是铧式犁，可以对土壤进行分层耕作，并使上下层土壤互相易位而不相混。其工作过程与带有小前犁的铧式犁类似，上层犁体先将上层土壤翻至前一趟已耕好的沟底，然后由下层犁体将下层土壤铲起，铺至上层。使用这种双层犁耕地，犁耕比阻比单层犁增加不多，而碎土程度优于单层犁，覆盖

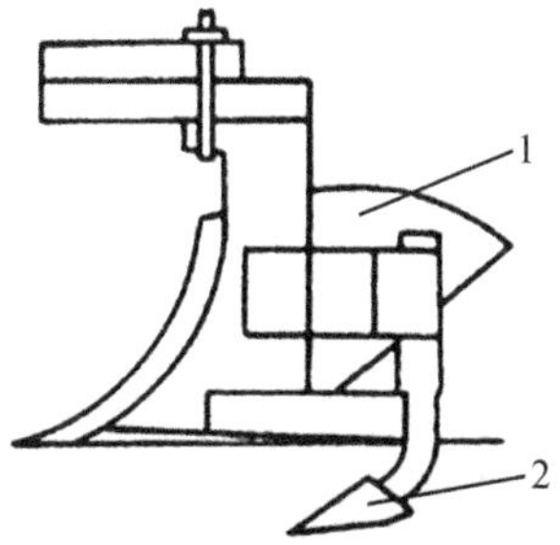

图 1-1-15　层耕犁

1. 铧式犁体　2. 松土铲

性能增强，又达到了深耕的目的。

3. 全方位深松机

全方位深松机是一种使用较广泛的农田深松作业机具，旱田和水田均可用。全方位深松动土系数大，有很好的松土效果。常见的有三种："V"形全方位深松机（图 1-1-16）、"L"形全方位深松机（图 1-1-17）和凿齿式全方位深松机。"V"形深松机的深松部件在土层中切离出"V"形截面的垄条从梯形框架流出，而后下落铺放在田面，使土壤受剪切、弯曲、拉伸作用而得到高效的松碎。"L"形全方位深松机的工作部件形状像"L"，其工作原理与"V"形相似。凿齿式全方位深松机是对中小型全方位深松机的改进，它把全方位深松与传统的凿形犁耕作结合于一机，单程作业便能达到全面深松、松整联合的效果，凿齿式全方位深松机不仅能使 50 cm 深度内的土层得到高效的松碎，显著改善黏重土壤的透水性，而且能在底部形成鼠道，但其深松比阻却小于犁耕比阻。

图 1-1-16 "V"形全方位深松机

图 1-1-17 "L"形全方位深松机

4. 深松联合作业机

深松联合作业机是在深松的同时完成施肥、播种、中耕（起垄）、灭茬、喷洒农药或除草剂等两种以上作业的机具。各地根据当地的生产实际，在深松的基础上增加其他功能，研制出各种各样的深松联合作业机。这类机器有些一次进地就可达到播种前整地的要求，可以降低劳动消耗，减少压地次数，节约时间，提高大功率拖拉机的利用率，从而降低作业成本。常见的机型有深松施肥机、浅翻深松翻转犁、免耕播种施肥深松联合作业机、双轴灭茬旋耕起垄机、深松联合整地机、框架式深松旋耕联合作业机、深松整地联合作业机、垄下播种中耕机，还有深松起垄施肥联合作业机和旋耕深松起垄联合作业机等。

深松联合作业机主要适用于我国北方干旱、半干旱地区以深松为主、兼顾表土松碎松耙结合的联合作业，既可用于隔年深松破除犁底层，又可用于形成上松下实的熟地全面深松，也可用于草原牧草更新、荒地开垦等其他作业。

❖ **步骤 3**：调整机具技术状态

问题 1-1-18：铧式犁的结构和工作原理是什么？

问题 1-1-19：圆盘犁的结构和工作原理是什么？

问题 1-1-20:铧式犁是如何调整技术状态的?

问题 1-1-21:圆盘犁如何调整?

(一)翻地作业机械结构及调整

1. 铧式犁的结构及调整

铧式犁按架体结构可分为牵引式(图 1-1-18)、悬挂式和半悬挂式。牵引式铧式犁结构复杂、重量大、灵活性差,实际应用中已基本淘汰。

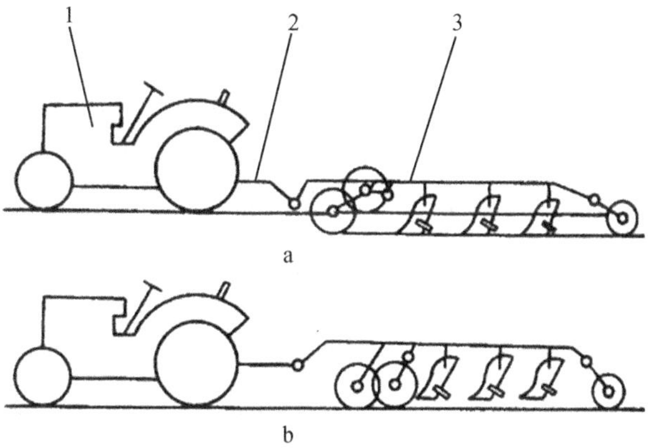

图 1-1-18 牵引式铧式犁示意图

a. 工作状态 b. 运输状态

1. 拖拉机 2. 牵引装置 3. 牵引犁

图 1-1-19 为悬挂式铧式犁示意图,悬挂犁结构简单紧凑、重量轻、机动性强,应用最广。

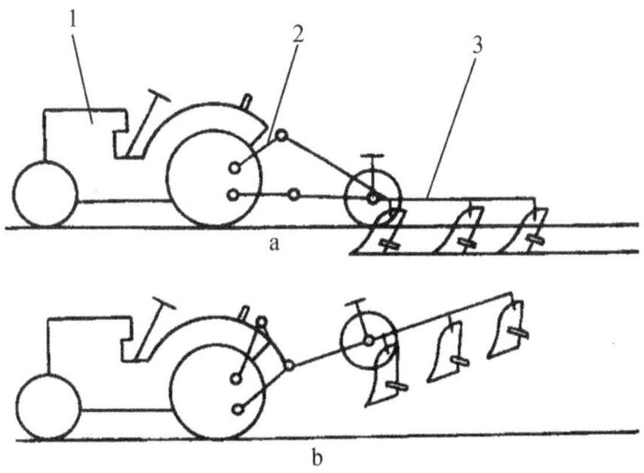

图 1-1-19 悬挂式铧式犁示意图

a. 工作状态 b. 运输状态

目前随着大型动力机车的发展,半悬挂式铧式犁的应用越来越广泛,半悬挂犁通过悬挂架与拖拉机液压悬挂机构相连,但悬挂架与犁架不是固定在一起,而是通过杆件铰接。提升时,犁的前端被提起,后端像牵引犁一样设有尾轮,通过液压油缸改变尾轮相对于犁架的高度。前后液压机构相配合来改变耕深和实现升降。在运输状态下，犁的后部重量由尾轮支撑。半悬挂犁比牵引犁结构简单，重量轻，机动性好，易转向；比悬挂犁能配置更多的犁体，稳定性、操向性较好，在大幅宽的犁上采用，是大功率拖拉机的配套产品（图 1-1-20、图 1-1-21）。

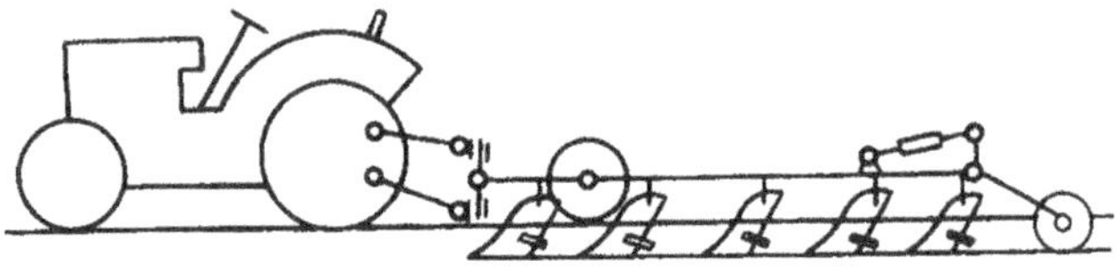

a

b

图 1-1-20　半悬挂式铧式犁示意图

a. 工作状态　b. 运输状态

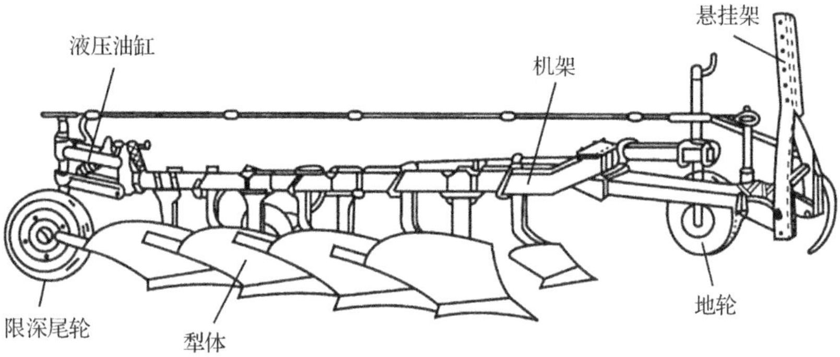

图 1-1-21　半悬挂犁

铧式犁的主犁体结构如图 1-1-22 所示，主要由犁铧、犁壁、犁侧板、延长板、挡草板、犁托和犁柱组成。犁铧又称犁铲，主要起入土和切土作用，常见类型有凿形、梯形、三角形（图 1-1-23）；犁壁位于犁铧后上方，与犁铧共同构成犁体曲面，是犁体曲面的主要部分，前部称为犁胸，后部称为犁翼，胫刃在纵垂方向切开土垡，犁胸、犁翼起到切土、碎土和翻土作用，后部可加装延长板，用来保证耕深增大时的翻土性能，按结构形式可分为整体式、组合式和栅条式（图 1-1-24）；犁侧板又叫犁床，装在犁托的左侧面，用来支持犁体和平衡犁体工作时产生的侧压力，使犁稳定地工作；犁托是一连接件，犁铧、犁壁、犁侧板和犁柱都装在犁托上，组成犁体，通过犁柱上端固定在犁架上。犁托和犁柱可制成一体，也可分开制作；挡草板装在犁壁上，用来防止田间长杆草缠在犁柱上，能减少因杂草积少成多而造成阻力大、翻埋不彻底的现象发生。这里有一个口诀：一个犁体曲面、两个边线组件（犁铧、犁壁）、三支点和三间隙（铧尖、铧尾、犁侧板末端；水平间隙、垂直间隙、铲刃间隙）、四部件（犁铧、犁壁、犁柱犁托、犁侧板）、五条线（图 1-1-25）（铧刃线、胫刃线、顶边线、翼边线、接缝线）。

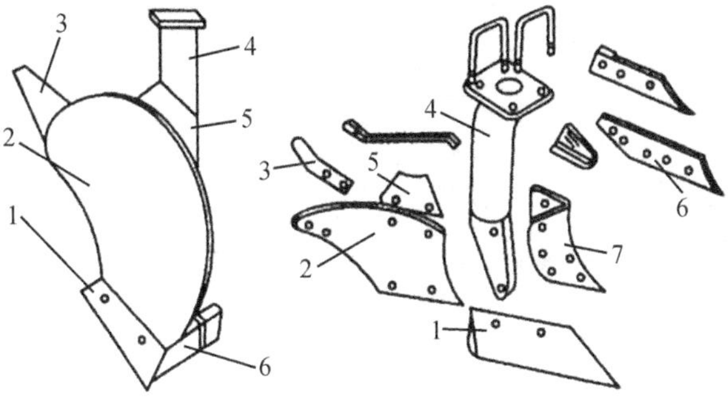

图 1-1-22 主犁体

1. 犁铧 2. 犁壁 3. 延长板 4. 犁柱 5. 挡草板 6. 犁侧板 7. 犁托

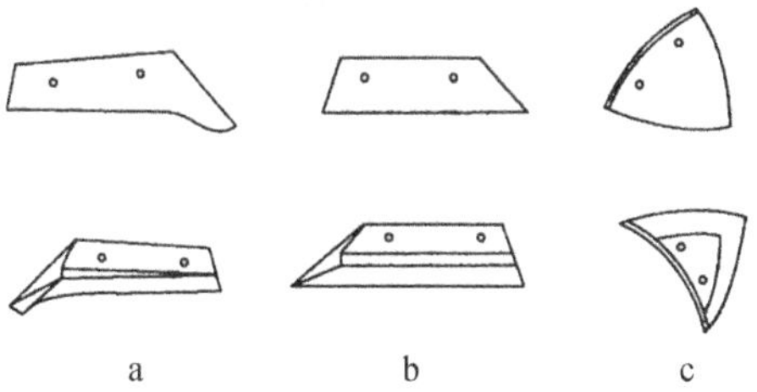

图 1-1-23 犁铧形式

a. 凿形铧 b. 梯形铧 c. 三角形铧

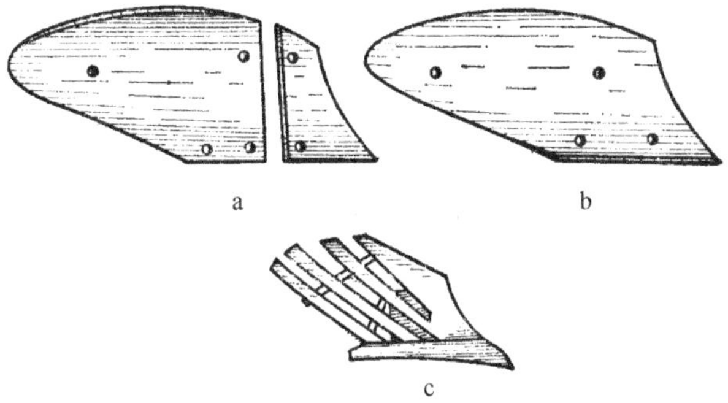

图 1-1-24 犁壁

a. 组合式 b. 整体式 c. 栅条式

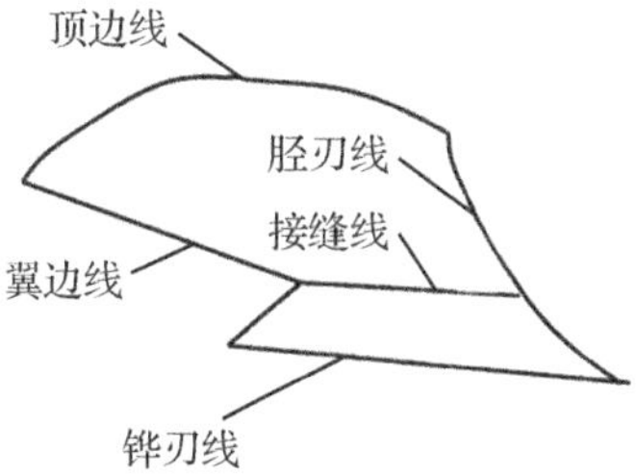

图 1-1-25 犁体五线图

犁刀安装在主犁体前，用来沿垂直方向切开土壤，以减少犁铧的磨损，并可形成较为整齐的沟壁，防止沟壁塌落，以利下次耕作。犁刀(图 1-1-26)有直犁刀(改良的蓄力犁和特种用途犁)和圆犁刀(普通机力犁)，圆犁刀一般只装在多铧犁最后一个犁体前，以获得整齐的沟壁，同时可切断杂草残茬，改善覆盖质量。

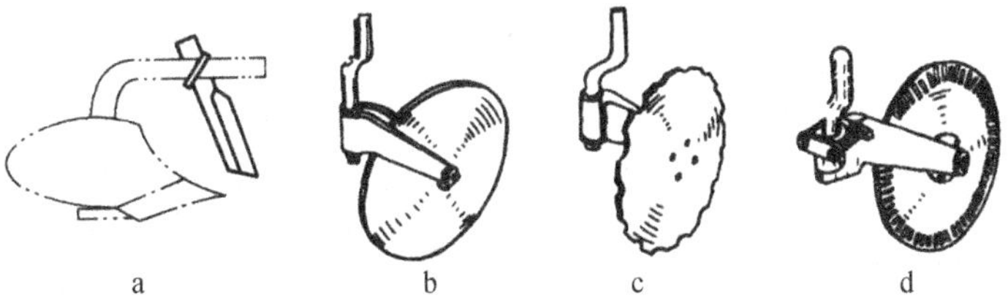

图 1-1-26 犁刀

a. 直犁刀 b. 普通圆犁刀盘 c. 缺口刀盘 d. 波纹刀盘

小前犁(图 1-1-27)位于主犁体左前方，其构造与主犁体相似，犁柱和犁托常做成一体，无犁侧板。小前犁固定在犁架上，其切下的垡片为矩形，耕宽为主犁体的 2/3，耕深约为主犁体的 1/2。工作时先耕起上层一部分土壤、残茬及杂草，并先于主垡翻转到沟底，以提高主犁体的覆盖质量。小前犁还有另外几种形式，也有把它叫作覆茬器的，如切角式覆茬器、圆盘式覆茬器和弯板式覆茬器等。

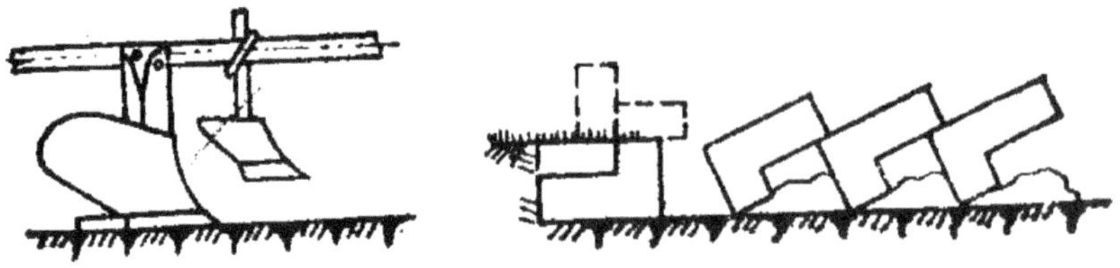

图 1-1-27　小前犁工作示意图

铧式犁在耕作之前要做基本的检查后才能更好地作业。一台铧式犁与拖拉机连接，构成一个犁耕机组，该犁与该拖拉机是否彼此匹配，首先应核算拖拉机牵引力与犁的总耕幅及耕深要求是否合适，检查外观整洁，零部件齐全、完好，无缺损，无严重锈蚀和磨损，各部位连接紧固，螺栓露出螺母 1～3 个螺距，垫片齐全；然后进行正位检查以校正犁与拖拉机的相对位置是否符合作业要求。此项检查可在室内进行。总的工作幅宽偏差不大于设计幅宽的 2.5%，调幅犁应达到最大、最小幅宽，其偏差不大于设计值的 2.5%，各犁体水平基面到犁梁底面高度与设计值之差不大于 1%。各相邻犁体铧尖沿前进方向的水平距离与设计值之差不大于 1%；各犁体的工作幅宽偏差为设计幅宽的±2.5%；两犁重耕耕幅不大于 10 mm；各犁体的铧刃直线部分应在同一水平基面上，用拉绳法检查铧尖和铧尾(翼)，其偏差值不大于 10 mm，不允许铧尖高于铧尾，但允许铧尾略高于铧尖；幅宽为 200 mm 的犁体铧尖和铧尾偏差值不大于 5 mm；250～300 mm 的犁体偏差值不大于 6 mm，350～400 mm 的犁体偏差值不大于 8 mm，450～500 mm 的犁体偏差值不大于 10 mm；犁铧刃口斜面宽度应在 5～10 mm，刃口厚度不大于 2 mm；犁铧与犁壁接合处的间隙不大于 1 mm；犁壁表面不得高于犁铧，允许犁踵高出犁壁 1.5 mm；组合式犁壁的前后犁壁接合处间隙不大于 1.5 mm；后犁壁表面不得高于前犁壁，允许前犁壁高出后犁壁 1.5 mm。需检测单个犁体水平间隙和垂直间隙；要求犁体垂直间隙为 10～12 mm，水平间隙为 5～10 mm。用直尺在犁体侧边(安装犁侧板的一边)与犁尖和犁踵接触，直尺中段与犁体侧边形成的间隙为水平间隙；垂直间隙是指从犁侧板前端下边缘至通过铧刃的水平面之间的距离。这个间隙的设计有助于增加犁铧对沟底单位面积的压力，使犁体在工作中始终保持一种增大耕深的趋势，从而保持犁的耕深稳定。通常，这个垂直间隙的推荐范围是 10～12 mm，以适应不同的耕作需求和土壤条件。如图 1-1-28 所示。

调整各犁铧、小前犁等的位置。检查犁体间距(相邻两犁体相应点间的距离)，如图 1-1-29 所示。在犁铧体垂直切刃边(胫刃线)，犁壁不得凸出于犁铧，允许犁铧凸出于犁壁 4 mm。

图 1-1-28　犁体间隙

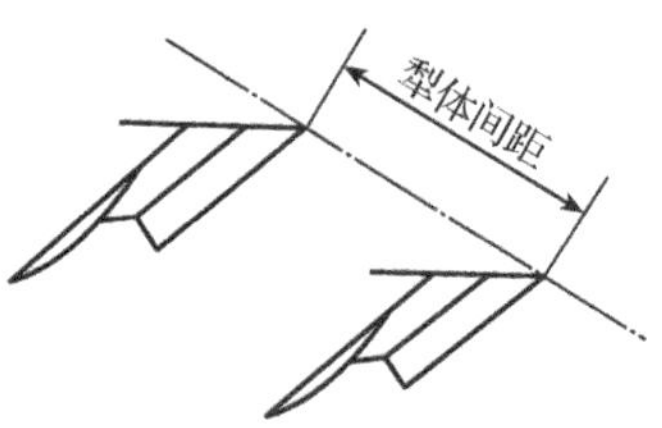

图 1-1-29　犁体间距图

犁铧、犁壁与犁托或犁柱应紧密贴合，允许局部间隙：犁铧与犁托(柱)不大于 2 mm，犁壁与犁托(柱)不大于 4 mm(幅宽 200 mm 者不大于 2 mm)；但螺栓连接处的间隙必须消除。犁侧板与犁托(柱)应紧密贴合,其局部间隙在水平及垂直接合处均不大于 2 mm。沉头螺栓副应拧紧,并有防松措施;螺栓头部不得凸出于犁体工作表面,允许下凹 1 mm。以悬挂犁为例,检查方法和步骤如下。

(1)在平地上将犁与拖拉机连接并悬挂起来(挂接时右边的悬挂销应低于左边的)。

(2)将拖拉机左边轮胎垫起,使其离地面一个耕深的高度。沿拖拉机前进方向线在右轮胎内侧画出沟墙线,并在沟墙线左侧距离一个总耕幅处画一平行线。

(3)调整悬挂轴销(或曲拐轴)使左、右悬挂销的连线与犁前进方向垂直。

(4)将犁降下,此时,第一铧的铧翼点应位于沟墙线上,左右下拉杆位于与拖拉机纵中心线对称的位置。如果第一铧的铧翼点偏离或左右下拉杆不对称,应横向移动悬挂轴销使第一铧的铧翼点与左右下拉杆同时到位。

(5)机组上述各部件的位置确定后,还应检查:各犁体的侧板末端应向未耕地一侧偏过胫刃线下部 0.5～1 cm,这是为了压缩沟墙土壤以获得侧向支反力;如若犁的阻力中心,偏离拖拉机纵向中心轴线太远,则应首先调整轮距,然后再进行正位调整。但应注意,轮距不宜太窄,否则拖拉机倾斜太厉害。

(6)偏牵引调整。对于犁的总耕幅较小而拖拉机的轮距又不能很窄的机组,因犁的阻力中心不能靠近拖拉机的中心线,须进行偏牵引调整。国外对于右轮在犁沟内的普通(非双向犁)犁耕机组,在田间作业时常将位于沟内的右轮胎的气压增大而将位于未耕地上的左轮胎的气压减小,这样可以减少拖拉机的倾斜度并增加左轮胎附着力,提高牵引性能。

偏牵引机组由于牵引线偏斜,犁的侧向力有所增加,但可以通过犁的正位调整使犁侧板的承压能力增大,故犁仍可保持幅宽一致,工作稳定。

(7)入土角调整。调整悬挂机构上的拉杆使犁具有合适的入土角。即当后铧开始入土时,入土角应接近于 8°,犁的正位调节装置应有足够大的范围。通过正位调节使梁架后部向未耕地偏摆的量不小于 7°,向已耕地偏摆不小于 3°。

田间作业前需对铧式犁进行如下调整。

①耕深调整。从理论上讲,犁的耕深是可以通过牵引线按力学平衡原理来调整的。改变牵引线可以改变犁的入土角,从而使耕深改变。但在实际作业时常常由于地表不平,或土质不匀,致使力的平衡很不稳定,故多采用限深轮来控制耕深。将限深轮的位置提高或降低改变轮子下缘到犁底支承面的垂直距离,即可改变耕深。必要时可以调节上拉杆的长度,改变入土角,这样也可使深度改变。对于具有液压“力调节系统”的悬挂机组,其耕深是由液压系统自动控制,土壤阻力大时耕深自动变浅,阻力小时耕深自动增大。操纵该液压系统也可控制耕深变化范围。

②正位调整。一台犁耕机组,即使在室内做配套检查,各处均符合要求,在作业时也常常出现第一铧不到位、犁架歪斜、两个下拉杆位置偏移等情况。这主要是由于侧向力未能很好地平衡而引起的。调整方法是:如果第一铧耕幅太大,则缩短正位调节器(或转动曲拐横轴),使梁架后部向未耕地偏斜以增大犁侧板上的土壤反力。这样,当犁继续前进时,犁就向已耕地偏移,第一铧即可到位。一台配套良好的犁,当第一铧到位后,梁架和下拉杆都必然处于正常位置。对于牵引式犁的调整,在第一铧幅宽偏大或梁架后部向已耕地歪斜时,则将犁的牵引杆向未耕地一侧移动。无论悬挂式犁或牵引式犁,如果调节量达到最大时,第一铧仍不能到位则须增加犁侧板的偏角。如果第一铧幅宽太小则调整的方法与此相反。

③横向水平调整。作业时拖拉机呈倾斜状态而犁在不同耕深时,均应在横的方向保持水

平，故须进行横向调整。方法是将拖拉机悬挂机构的吊杆缩短或放长，使梁架一侧随之升降，达到水平状态。这样位于左右两边的犁体就能保持耕深一致。

④纵向水平调整。悬挂犁在室内调好入土角以后，当犁在田间作业时，由于土壤阻力的作用犁架前后不水平，以致前后犁体耕深不一致。这时还应进行调整。方法是：前深后浅时，可将上拉杆适当伸长；前铧入土浅时，则将上拉杆缩短，或将上拉杆与犁悬挂立柱的连接孔提高一个孔位，或将犁的耕深再调深一点，如仍无效，则应检查犁体安装是否正确，犁铧是否磨损太多。

牵引式犁的横向调整是利用犁上专设的横向水平调节机械。纵向水平调整则是通过调整尾轮的高低来实现。对于半悬挂犁则还须调整下拉杆的高低位置，相互配合以达到纵向水平，使前后犁体耕深一致。

2. 圆盘犁的结构和工作原理

前面已经了解过，圆盘犁在与动力机挂接方式上分为牵引式、悬挂式和半悬挂式，其主体结构和调整方式与铧式犁相近，只是主犁体的结构大不相同。圆盘犁的圆盘通常为空心球面的一部分，其边缘磨出刃口以利切草和入土，圆盘单独支承在犁柱的轴承上，圆盘面分别与前进方向和铅垂方向成一角度（偏角和倾角）。工作时机组前进，圆盘滚动切入土壤，土垡沿圆盘凹面上升同时靠刮土板的配合，使土垡翻转和破碎。圆盘犁适用于黏重、干硬、多石、多根的土壤，不需经常磨刃和更换，维修费用低，不形成坚实的沟底。虽覆盖残茬不够完全，但对于防止干旱地的水分流失和盐碱地的返盐有利。

圆盘犁按圆盘安装方式又可分为普通型和垂直型两大类。普通圆盘犁和垂直圆盘犁的圆盘回转平面与前进方向之间的偏角 $\alpha=10°\sim30°$，起推移土壤和增强圆盘入土能力的作用。普通圆盘犁的回转平面不与地面垂直，而是略微倾斜，回转平面与地面铅垂线之间的倾角 $\beta=30°\sim45°$。偏角和倾角能使圆盘易于切取土垡并使之升起后翻转。圆盘犁一般都在圆盘凹面的后上方安装刮土器，以防止土壤黏附。刮土器曲面还有协助翻垡的作用。垂直圆盘犁的圆盘回转面垂直于地表面，只有偏角而无倾角。垂直圆盘犁的圆盘较小，一台犁上圆盘的数量较多（大型垂直圆盘犁的圆盘数可达 30～40 片），主要用于浅耕和灭茬。也可配装种子箱和施肥箱，进行耕、播和施肥联合作业。

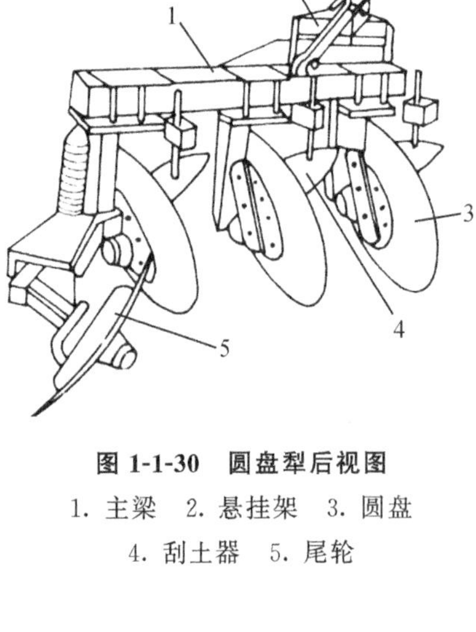

图 1-1-30　圆盘犁后视图

1. 主梁　2. 悬挂架　3. 圆盘　4. 刮土器　5. 尾轮

近年来，日本、韩国有利用拖拉机动力输出驱动圆盘工作部件旋转的驱动圆盘犁产品，圆盘工作部件安置在同一水平轴上，与前进方向呈一定偏角，以大约 120 r/min 的速度旋转，翻垡和碎土效果较好，用于耕潮湿地、稻茬地时能较好地利用拖拉机功率。圆盘组有单排斜置和双排对置两种结构形式。目前这种驱动圆盘犁在我国也被广泛使用。

图 1-1-30 为圆盘犁后视图，从图中可以看出，常规的圆盘犁犁体主结构与铧式犁单体主结构相似，也是在犁柱上安装工作部件，工作部件为圆盘，装配在犁柱下方可旋转的犁轴上，工作时，圆盘切入土壤，在土壤阻力的影响下，圆盘被动旋转，完成翻土作业。常规圆盘犁主犁体的单体主结构通过 U 形卡单独装配在犁梁上，圆盘间距可以调整。现代所用

的圆盘犁，其倾角和偏角均设计有可调整结构。还有的把犁梁设计成可以摆动的结构，变成了双向圆盘犁。

（二）深松作业机械结构及作用

农机深松作业（图 1-1-31）是通过拖拉机牵引深松机或带有深松部件的联合机等机具，进行行间或全方位深层土壤耕作的机械化技术，能够有效增强土壤蓄水保墒和抗旱防涝能力，提高农作物产量。深松作业是在不翻土、不打乱原有土层结构的情况下，打破坚硬的犁底层，加厚松土层，改善土壤耕层结构，从而增强土壤蓄水保墒和抗旱防涝能力，能有效增强粮食基础生产能力，促进农作物增产、农民增收。

图 1-1-31　深松作业

机械深松作业能有效地提高土壤的透水、透气性能，深松后的土壤体积密度为 12～13 g/cm^3，恰好适宜作物生长发育，有利于作物根系深扎。机械深松深度可达 35～50 cm，这是其他耕作方法根本达不到的深度。深松作业还可极大地提高土壤蓄积雨水和雪水的能力，在干旱季节又能自心土层提墒，提高耕作层的蓄水量。通常深松作业地块较未深松地块可多蓄水 11～22 m^3/亩，且土壤渗水速率提高 5～10 倍，可在 1 h 内接纳 300～600 mm 的降水而不形成径流。由于大量降水存入地下，大大地降低了土壤水分的蒸发散失和流淌损失，为农作物生长提供了丰富的天然降水资源。机械深松可使雨水和雪水下渗，并保存在 0～150 cm 土层中，形成巨大土壤水库，使伏雨、冬雪春用、旱用，确保播种墒情。一般来说，深松比不深松的地块在 0～100 cm 土层中可多蓄 35～52 mm 的水分，0～20 cm 土壤平均含水量比传统耕作条件一般增加 2.34%～7.18%，可有效实现天旱地不旱，一次播种拿全苗。机械深松能有效地排涝、排除盐碱，半干旱盐碱地块特别适宜。深松作业只松土、不翻土，特别适于黑土层浅，不宜翻地作业的地块。机械深松作用与其他作业相比较，其阻力小，工作效率高，作业成本低。深松机由于其独特的工作部件结构特性，使其工作阻力显著小于铧式犁耕翻，降低幅度达 1/3。由此带来工作效率升高，作业成本降低。据测算，一般地块亩耗油仅达 0.7～0.8 L，作业成本 6～8 元/亩，工作效率因机型不同每天可达 20～30 公顷。深松不翻动土壤，可以保持地表的植被覆盖，防止土壤的风蚀与水土流失，有利于生态环境的保护，减少因翻地使土壤裸露造成的扬沙和浮尘天气，减少环境污染。机械化深松适应各种土质，对中低产田作业效果更为明显。中国农机院在中低产田试验数据表明，机械化深松的增产效果（与未深松的对照田比较)如下:玉米平均增产 80 kg/亩,增产率约 20%;深松可使灌溉水的利用率至少提高 30%。

机械化深松按作业性质可分为局部深松和全面深松两种。全面深松[如 V 形全面深松机(图 1-1-32)和 L 形全面深松机(图 1-1-33)]是用深松犁全面松土,这种方式适用于配合农田基本建设,改造耕层浅的土壤。局部深松则是用杆齿、凿形铲或铧进行松土与不松土相间隔的局部松土。

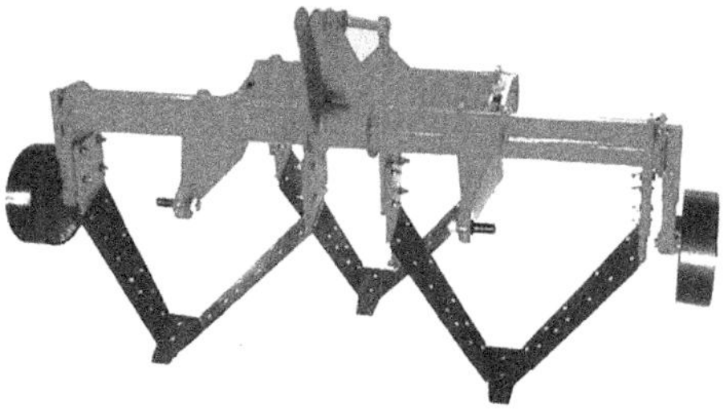

图 1-1-32 V 形全面深松机

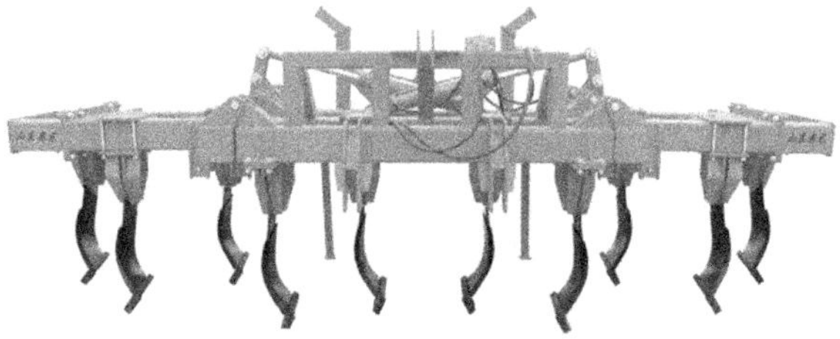

图 1-1-33 L 形全面深松机

图 1-1-34 凿式深松机

小知识 深松机型号的含义

1SZL-200,1 代表耕整地机械,
S 代表深松功能,Z 代表深松形式为震动,
L 代表联合作业形式,200 代表耕作幅宽。
1SQ-250,Q 代表全方位。
1S-7,7 代表深松铲数目。

深松机按作业机具结构原理可分为:凿式深松机(图 1-1-34)、鹅掌式深松机(图 1-1-35)、翼铲式深松机(图 1-1-36)、振动深松机等。不同深松机具因结构特点不一,作业性能也有一定差异,适用土壤及耕地类型也有一定的变化。一般来讲,以松土、打破犁底层作业为目的的常采用全面深松法,以打破犁底层、蓄水为主要目的的常采用局部深松法。有些种类的机具兼有局部深松和全面深松的特点,如全方位深松机、振动深松机等。

深松作业的时间依深松方式的不同而不同,全面深松必须在秋后进行,局部深松可以秋后或播前秸秆处理后进行灭茬,再进行深松作业。玉米夏季深松作业在苗期进行,且应尽早,不应晚于 5 叶期。但为了保证密植作物株深均匀,应在深松后进行耙地等表土作业,或采用带翼深松机进行下层间隔深松,表层全面深松。深松的土壤适耕条件应为土壤含水量 15%~22%。玉米的深松苗期作业深度为 23~30 cm;秋季作业深度为 30~40 cm。盐碱地改良排涝作业深度为 35~50 cm。深松作业深度要一致,不得漏松,夏季深松时应同时施入底肥。

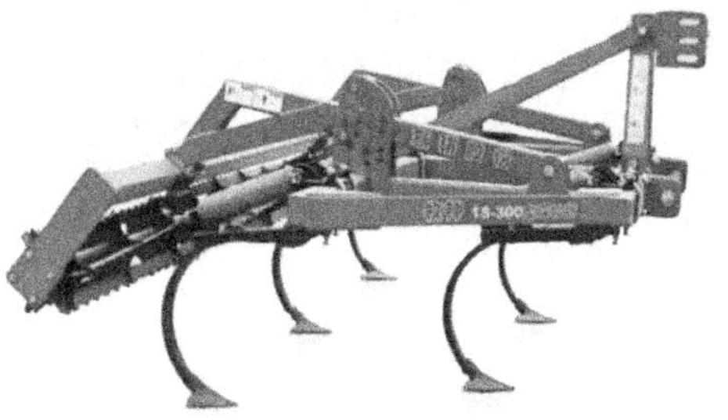

图 1-1-35　鹅掌式深松机

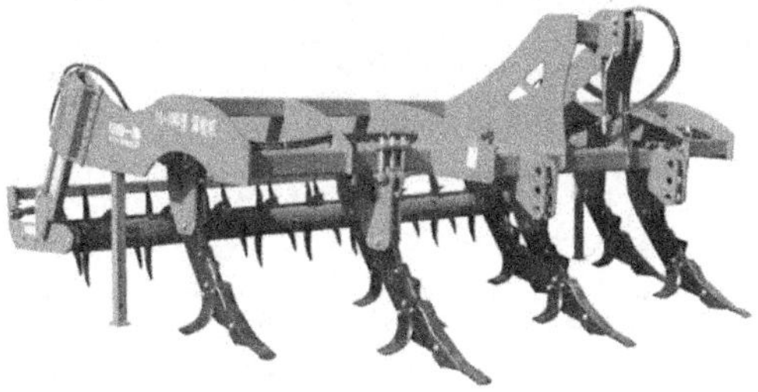

图 1-1-36　翼铲式深松机

深松机是通过悬挂构件与大马力拖拉机连接，通过拖拉机牵引无需动力传输而实现深松作业。作业前要检查机器各部件是否完好无损，检查各连接部件的螺栓是否坚固，各转动部分转动是否灵活，拖拉机升降机构是否正常，必要时进行维修调整。深松机作业前要进行左右、前后水平调整。将深松机与拖拉机挂接后，在水平地面上将拖拉机升降机构降下，看左右深松铲是否同时着地，通过调整左右两个拉杆长度来调整深松机左右水平，保证各铲入土深度一致；前后水平的调整，一般松土深度在 25～35 cm 时，通过调整中间拉杆长度来完成，保证前后铲入土深度一致；检查深松机行距是否达到要求，可以通过调整深松铲臂固定位置来完成。深松机作业前调整完后，要进行深松土试作业，首先确定深松土深度，拖拉机进行试深松，深松一定距离后检查是否达到规定深度，同时检查作业质量，达到要求时锁定拖拉机悬挂系统深度调节杆再进行大面积深松作业。如达不到要求，调整拖拉机上拉杆长度、支承轮臂达到作业深度及前后水平，保证土地深松后表土平整，无明显沟埂和较大土块。

❖ **步骤 4：**确定作业路线、正式作业

问题 1-1-22：耕（翻）地作业时的行走方法有几种？

问题 1-1-23：如何计算耕（翻）地作业中的地头宽度？

问题 1-1-24：如何减少机组耕（翻）地作业的空行程？

问题 1-1-25：耕（翻）地机组的转弯或转移的行走方法有哪些？

翻地机具的调整要按照农艺要求，深度应根据土质、土层厚度、茬口和翻地时间确定，一般应为 20～22 cm。要求深翻的地块耕深应达到 25 cm 以上。耕深要一致，耕深误差不超过 2 cm。

翻地作业要求耕幅一致，不重耕不漏耕。耕幅误差不超过 10 cm。翻后地表应平整。土垡要完全翻转，立垡率和回垡率不得超过 3%。地面上的杂草、残株和肥料等要覆盖严密。翻地作业后要进行整地，就是在播种之前对土壤的表层进行耙、耕、镇压作业。

（一）耕（翻）地机械化作业技术要求

机械耕地作业的目的是疏松土壤，打破犁底层，贮存水分，把地表的残株杂草，有机和无机肥料翻入底层，恢复和提高土壤肥力，消灭病虫害。因此，耕地作业不但要使耕深达到标准和

均匀一致，并翻垡良好，覆盖严密，土壤松碎，耕向笔直，而且要做到地面平坦，地头整齐，达到不回垡、不立垡、不跑茬、不“露胡子”、不漏耕、不重耕、不丢边、不剩角、不拉格和耕向、耕深、地头、堑沟“四交替”，达到农机耕地作业标准及农艺作物技术要求，为玉米的生长打好基础。

(二)耕(翻)地作业中出现的问题及犁铧的调整

1. 耕深不够

耕深主要是指犁地的深浅。犁地深，耕作层就厚，玉米才能根深叶茂；如果耕深不够，在整个地块耕深作业达不到规定的标准，玉米扎根就浅，根系生活领域范围就小，影响玉米生长，特别是在旱季，由于根浅叶萎而影响作物生长。

解决方法：检查犁梁是否扭曲，主梁相互平行，相邻两主梁间要在 3 m 的长度范围内，横梁间距偏差不得超过 7 mm，犁轴不应有弯曲现象，犁架工作时前后必须保持水平，各犁铲必须调整在同一平面上，如发现犁铲刃口秃钝，必须磨锐或更换，使犁铲刃口厚度保持在 1 mm 左右。

2. 耕深不均

耕深不均主要指在一块耕地内，每次犁耕行程和犁的各铧耕翻深度不一致，有深有浅。使玉米根系生长不一致，茎秆生长强弱不同，易倒伏，影响玉米产量。

解决方法：①检查各犁铧铲尖是否在同一水平线上，并进行调整，其偏差不得超过 5 mm，机耕作业时，左右犁梁与地面要保持平行，使前后犁铧耕深一致。②正确进行犁牵引拉杆的垂直调整，使拖拉机的牵引点通过犁的水平拉杆到犁的抵抗中心，达到三点成一直线。③作业中发现前铧深后铧浅时，可将犁的横拉杆向下移；如前铧浅后铧深时，可将横拉杆向上移(悬挂架无法调整的情况下)。

3. 杂草覆盖不严

在犁耕过的土地上，相邻土垡之间衔接不严，地表杂草未被完全覆盖，从各土垡的空隙间露出，俗称“露胡子”。这不仅增加整地困难，且易跑墒，助长杂草丛生，影响土壤有机肥的提高。

解决方法：①确保犁铧良好的技术状态，犁铲与犁壁衔接要严密，其缝隙不得大于 1 mm，工作面应平滑，沉头螺钉应与工作表面平齐，凸出、下凹不得大于 1 mm。②正确安装小前犁的犁铧和犁刀，确保大铧与小铧尖的水平距离要符合技术要求，一般大铧铲尖距小铧铲尖为 30～35 cm，下铧耕深是大铧耕深的一半，犁刀轴心线垂直对准下铧铲尖，如在杂草较多的情况下，可向前移 4～5 cm，犁刀位于大小铧左侧分别为 1.5～2 mm 和 1～1.5 mm，犁刀下边缘切土深度比小铧铲尖入土深度多 2～3 cm。

4. 出现立垡、回垡

立垡和回垡表示犁铧在耕地时的翻土性能，开垦生荒地或土壤板结地时，犁铧将土垡切开、扛起之后，未完全翻转或已翻转又被弹回，土垡呈 90°±10°直立于前铧的犁沟中称为立垡，土垡翻转角小于 80°称为回垡，将翻转的土垡又重新回到原处，基本上等于未翻，造成耕地作业质量不符合作业标准。

解决方法：确保最大犁耕深度在技术规定范围内，调整好拖拉机对犁牵引线，技术数据符合犁地技术要求，如果是开垦生荒地，可以在犁壁尾部安装延长板，强化扣垡能力。

5. 耕幅不准

在机耕作业中，犁铧的实际耕幅大于或小于犁铧设计的标准耕幅，即机耕幅度过宽或过窄。耕幅过窄，耕后的地面不平，效率低。耕幅过宽容易产生漏耕，扣垡不严，影响整地作业质量。

解决方法：检查调整犁铧确保良好的技术状态。在作业中，当发现前铧偏向未耕地，使耕幅增大时，可调整犁的牵引水平线，防止偏牵引现象，确保耕幅稳定。

6.机耕地表面不平

在耕完的整个地块上，地表面出现高低不平，将影响整地质量和播种质量，要想弥补耕面不平坦的缺陷，势必增加整地作业遍数，增加作业成本。

解决方法：保证犁铧的技术状态良好，正确进行犁铧的调整，确保前后犁铧入土深浅一致。

7.形成犁底层

连年同层机耕会在机耕层下部的土壤中结成坚硬的土层，即犁底层，它使土壤的透气性变差，旱不保墒，涝不渗浆，使农作物根系扎不进去，直接影响土壤效能的发挥，使玉米生长不利。

解决方法：在犁耕作业前，深入田间，挖开土壤剖面进行调查，确定适宜的犁耕深度，打破多年形成的犁底层，做到有计划地进行耕深交替。

玉米生产中的翻地作业要注意“七度”，即早度、深度、平度、齐度、碎度、净度和匀度。早度：指在适时的农时和墒情条件下，按时开展耕翻作业，墒情适宜（土壤含水率在18%～22%时作业为宜）情况下秋翻地也是越早越好；深度：耕翻深度≥30 cm，耕深一致，误差±1.5 cm；平度：翻地时翻垡不立垡，不回垡，立垡与回垡率＜5%；平度：耕翻后地表平整细碎，上平下也平，垂直耕幅10 m长度范围内地表平整度≤10 cm；齐度：地头横耕整齐，结合严密，不出现三角抹斜；碎度：耕翻作业的合墒效果要良好，地表没有大块；净度：残株掩埋干净，残株杂草覆盖率＞90%，覆盖严密，无拖堆现象；匀度：耕幅一致，实际幅宽与设计幅宽误差±4 cm，往复结合严密，误差±4 cm，不漏耕，不重耕，重耕率≤2%。

（三）深松作业的要求及调整

1.深松作业注意事项

（1）机具前进速度的选择原则是达到深松碎土要求，沟底平整，既能保证深松碎土整地质量，又要充分发挥拖拉机的额定马力。一般情况下，拖拉机的前进速度为6～10 km/h；深松机起步时，应将机具提升离地15～20 cm，将发动机空转1～2 min，然后挂上工作挡位，缓慢放松离合器踏板，同时操作拖拉机液压升降位调节手柄，使机具逐步入土，随之加大油门至正常耕深；转弯时将机具提起，离开地面，禁止转弯时作业。

（2）作业时及时清理铲体上沾的土及缠绕的杂草，把深松铲提升至地面方可进行。为了保证安全，必须将拖拉机熄火。

（3）深松土地拖拉机在作业时，必须将深松机升起方可转弯，严禁不提升机具进行转弯调头。

（4）每班作业后要清除外边的泥土和杂草，紧固各部件螺丝，向各转动部位加注润滑油。每季作业结束后在各工作部位涂上废机油以防锈蚀，并更换磨损和损坏部件，存放在库棚内或用雨布盖好，防止日晒雨淋。

（5）设备必须有专人负责维护使用，熟悉机器的性能，了解机器的结构及各个操作点的调整方法和使用。

（6）深松作业中，要使深松间隔距离保持一致，作业应保持匀速直线行驶。

（7）作业时应保证不重松、不漏松、不拖堆。

(8)机器在作业过程中如出现异常响声,应及时停止作业,待查明原因解决后再继续进行作业。

(9)机器在工作时,如遇到坚硬和阻力激增时,应及时停止作业,排除状况后再作业。

(10)机器入土与出土时应缓慢进行,不可强行作业,以免损害机器。

(11)设备作业一段时间,应进行一次全面检查,发现故障及时修理。

2. 深松作业机组调整

(1)纵向调整:使用时,将深松机的悬挂装置与拖拉机的上下拉杆相连接,通过调整拖拉机的上拉杆(中央拉杆长度)和悬挂板孔位,使得深松机在入土时有 3°～5°的入土倾角,到达预定耕深后应使深松机前后保持水平,保持松土深度一致。

(2)深度调整:大多数深松机使用限深轮来控制作业深度,极少部分小型深松机用拖拉机后悬挂系统控制深度。用限深轮调整机具作业深度时,拧动法兰螺丝,以改变限深轮距深松铲尖部的相对高度,距离越大深度越深;调整时要注意两侧限深轮的高度一致,否则会造成松土深度不一致,影响深松效果,调整好后注意拧紧螺栓。

(3)横向调整:调整拖拉机后悬挂左右拉杆,使深松机左右两侧处于同一水平高度,调整好后锁紧左右拉杆,这样才能保证深松机工作时左右入土一致、深度一致。

(4)作业幅宽调整:由于深松机出厂厂家及型号各不同,其深松铲的作业覆盖宽度也不相同,平衡移动深松铲与机架相连接的连接卡子,使各深松铲之间的间距相同,调整好深松机工作部件作业覆盖宽度能达到作业总宽度要求后,拧紧卡子上的螺丝固定深松铲。

3. 深松作业异常情况检查和排除

(1)深松深度不够

检查方法:在深松机组作业中或深松地作业结束后,选择具有代表性的地段,垂直犁耕方向,将整个耕幅的松土层挖出剖面 5～6 处,分别测量松土深度,求其平均值,即为实际深松深度。

解决方法:一是在深层松土作业前,应深入田间进行调查研究,用铁锹挖土壤剖面,观察和分析土壤耕层的状态和测定犁底层,然后确定适宜的松土深度;二是认真检修松土装置,正确安装松土铲使其在控制升降的情况下松土铲的入土角均不改变。起犁时松土铲铲尖应高于铲的支持面;落犁时铲体应先接触地面,以免松土铲的铲尖受冲击而折断;三是为了保持松土铲入土能力及其在垂直面上的稳定性,应使松土铲的支持面对土地的水平面稍有倾斜,松土铲的铲尖低于翼部 8～10 mm。铲尖磨损时,应取其大值,使倾斜角大些;四是作业中应经常检查和磨锐松土铲刃口,使其锋锐易入土,减轻阻力,当发现松土铲挂草和沾土过多时应立即清除;五是根据深层松土的阻力,正确选择编组机引铲的数量,切实掌握松土深度,不能因拖拉机功率小而减小松土深度。

(2)深松不均

检查方法:在机组作业中或整个地块结束后,按对角线的方法选择具有代表性的 6～9 个点以较平坦的地段作为测点,沿耕幅方向剖开土壤断面至松土最大深度,观察和测量最深、最浅和平均的松土深度。

解决方法:一是作业前必须认真检修好深松机架、深松部件及升降机构,确保技术状态良好,在安装松土装置时,应考虑到各杆件连接点的游动间隙;松土铲末端在铲尖以上的总高度不得超过 15 mm,铲底要平整;二是正确调整深松机的垂直牵引中心线,使前后机架和松土铲保持平行作业，防止松土铲的入土深度不均；三是根据土质、地形及时调整机具的深浅和水平调节舵轮，做到各松土铲入土深度一致和地头、地边、地角、地中一样。

(3)土层搅乱：指在犁耕作业同时进行深层松土的犁铧和松土铲或无壁型的松土部件，将上层和下层的土壤搅动混乱，使表土和心土掺和在一起，使未经过风化的心土翻搅到上层过多，影响作物的生长。

检查方法：在已深松过的土地上，选择具有代表性的地段为测点，沿其耕幅方向将上层剖开，仔细观察并测量松土层与耕翻层中上层表土与下层心土掺和的程度。

解决方法：除保证犁和松土铲技术状态良好外，还应做到：一是作业前要正确安装松土铲，使铲尖与犁铧尖之间的距离不得小于 500 mm。否则松土铲掘松的心土会触及前面犁，搅乱上下层土壤，容易产生倾角过大；二是在土壤干涸的田块内不应采用无壁犁进行深松土作业；三是在深松作业中，当发现犁、松土铲和铲柄挂结杂草时，应立即停车清理。

(4)土隙过大：指用无壁犁进行深松作业时，其深松层内的土块较多，互不衔接，空隙较大。在作物播种前如不采取增加压实土壤的措施，可因土壤漏风而不利于种子的发芽和作物的生长。

检查方法：根据深松耕层内土壤空隙的大小程度，可在已深松和未深松的地块中进行剖面取样，并分别用测定土壤容重的方法进行对比衡量。

解决方法：一是根据农艺标准深松作业时土壤含水量应在 15%～25%。切忌用无壁犁深松土壤干涸或过湿的土地，以免在耕层内结成较大和较多的土块，给整地作业造成困难；二是检修好无壁犁体，确保技术状态良好，正确调整无壁犁的水平牵引中心线，勿使犁架斜行；三是驾驶员精力要集中，保持作业机组正直运行，速度不宜过快；四是作业中发现无壁犁体上挂结残株杂草和泥土时，应立即清除。

(5)漏松

检查方法：在深松作业过程中或整个地块作业结束后，采用挖土壤剖面的检查方法，观察并统计底层心土或犁底层的漏松情况和漏松程度。

解决方法：除机组作业人员端正工作态度和提高操作水平外，还应做到：一是正确安装深松部件；二是正确调整犁的水平牵引中心线；三是为保证耕作层内全面深松，减少牵引阻力，松土铲一般的宽度为主犁铧幅宽的 4/5，松土铲的中心线应位于大犁中心线的右侧 3～4 cm，这样既能避免松土铲升起时与犁床相碰，又可使尾轮行走在未疏松过的沟底。

(四)耕地作业的田间操作

耕地作业的田间操作先划好田块，减少机车空驶率，提高作业效率，降低作业成本。将地块分成几个小区，一般为 300 m 宽地号分两个小区，应尽量减少小区数量，减少开闭垄数量(翻转犁及其他作业不涉及)。采用内翻法(内套法)、外翻法(外绕法)和套翻法进行路线规划(图 1-1-37)。先两头翻枕地，将枕地向内侧(地里)一侧翻 3～4 犁，单行程作业，在地边现成一个整齐较浅的沟墙。以作业小区为例，第一小区，在第一个 100 m 处开堑，采取内翻法，当一侧翻到 50 m 后进行外翻法。内翻法第一行程开始后形成的是闭垄(高出平面)，外翻法结束后最后一行程形成开垄。第二小区同第一小区作业。所规划的作业区顺向翻耕结束后形成 2 个开垄、2 个闭垄，此时两头枕地重新进行翻地。在后规划的作业区内翻耕作业全部结束后立即用重耙采取画八字法耙平。注意在翻地时整理好田间，要无杂草和土堆，犁调整水平(三点悬挂)，保证犁铧各深度一致，在 30 cm 以上，无立垡，无回垡，扣垡严密，合堑效果好。往复结合严密不漏，无墼沟。

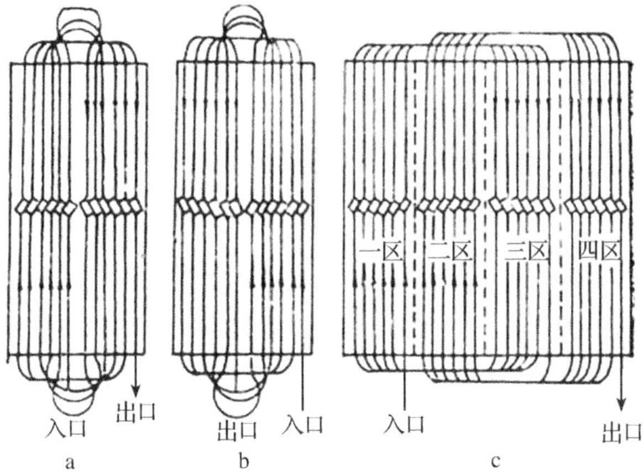

图 1-1-37 耕作方法

a. 内翻法 b. 外翻法 c. 套翻法

当 $X=2R$ 时(图 1-1-38)，耕(翻)地机组在地头做 180°半圆形转弯，其空行程长度和地头宽度的计算公式为：

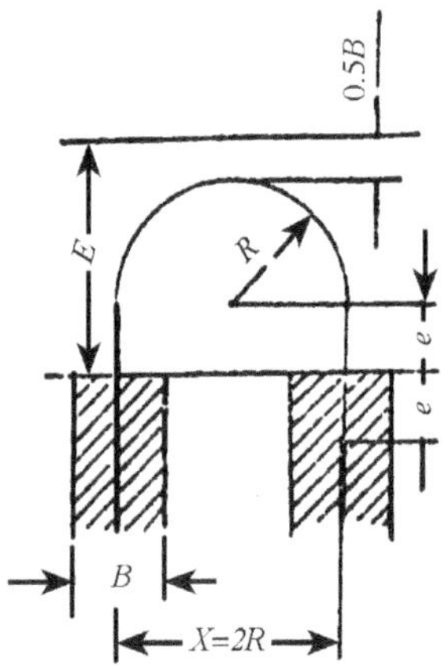

图 1-1-38 $X=2R$ 时转弯示意图

$$空行程\ L_k=\pi\cdot R+2e$$

e——出线长度，指机组中心到机组最后与地面接触点的距离。不同的机组出线长度 e 不同；$2e$ 是必要的空行行程。

转弯地带宽度 E，也称地头宽度，指地块(或小区)两端供机组做空行转弯的地带，也是转弯形式评价指标之一。

E 的大小取决于 R、B、e；一般：$E=kB$ k 取整数；B 是作业幅宽；

牵挂机组 E 较大，悬挂机组 E 较小，E 可按经验公式计算：

$$E=0.5B+R+e\approx1.5R+e$$

当 $X>2R$ 时(图 1-1-39),空行程为带直线行程的 180°无环节弯,其空行程长度和地头宽度的计算公式为:

$$空行程\ L_k=\pi \cdot R+(X-2R)+2e$$

此时的地头宽度:$E=0.5B+R+e\approx 1.5R+e$

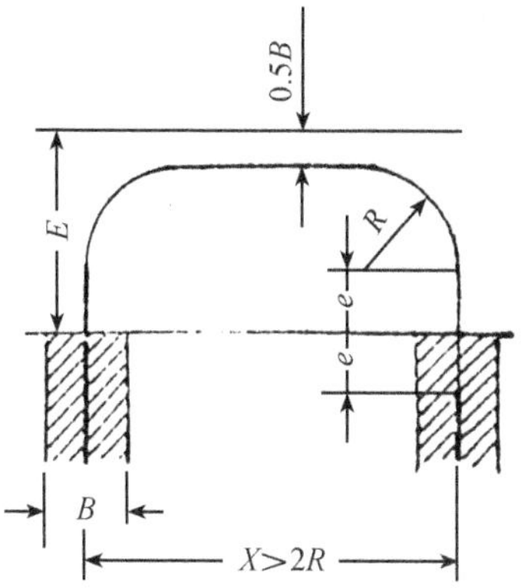

图 1-1-39　$X>2R$ 时转弯示意图

当 $X<2R$ 时(图 1-1-40),空行程为有环节梨形弯,其空行程长度和地头宽度的计算公式为:

$$空行程\ L_k\approx 6R$$ (查资料找计算公式)

此时的地头宽度:$E\approx 2.7R+0.5B+e\approx 3R+e$

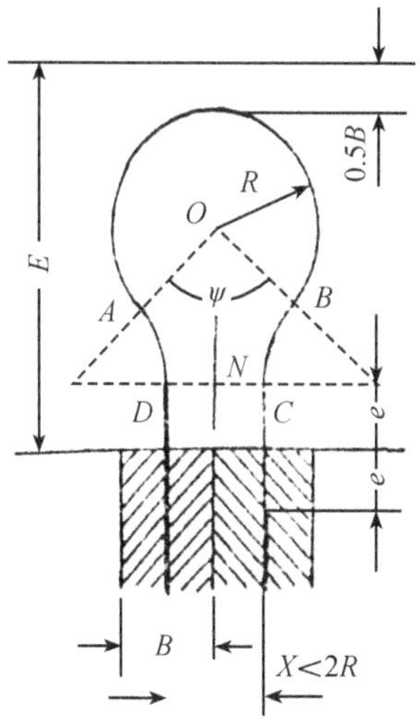

图 1-1-40　$X<2R$ 时转弯示意图

不同绕行方式行程计算公式如表 1-1-1、表 1-1-2、表 1-1-3 所示。

表 1-1-1　90°转弯

类别	名称	形式	平均长度	地头宽度	操向次数/停车换挡次数
90°转弯（主要用于绕行法）	弧形弯		$(1.6\sim1.8)R+2e$	$1.1R+0.5B+e$	2/
	有环节环形弯		$(6\sim8.5)R+2e$	$2.8R+0.5B+e$	4/
	有环节交叉环形弯	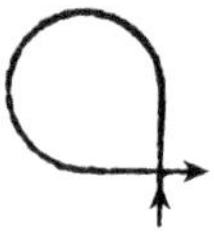	$(5\sim6.5)R+2e$	$2R+0.5B+e$	2/
	有环节 4 字形弯		$(2.5\sim3.5)R+2e$	$1.2R+0.5B+e$	2/2

表 1-1-2　180°转弯

类别	名称	形式	平均长度	地头宽度	操向次数/停车换挡次数
180°转弯（主要用于直行法）	半圆形弯	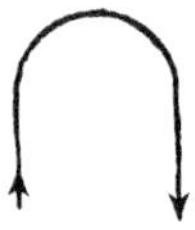	$(3.2\sim4)R+2e$	$1.1R+0.5B+e$	2/
	带直线的圆弧形弯		$(1.4\sim2)R+2e$	$1.1R+0.5B+e$	4/
	有环节梨形弯		$(6.6\sim8.0)R+2e$	$2.8R+0.5B+e$	4/
	有环节歪梨形弯		$(6.0\sim7.5)R+2e$	$2.6R+0.5B+e$	4/
	有环节 8 字形弯		$(8\sim9)R+2e$	$3R+0.5B+e$	4/
	有环节歪 8 字形弯		$(11\sim13)R+2e$	$2R+0.5B+e$	3/
	双环形弯		$(13\sim14.5)R+2e$	$2R+0.5B+e$	4/

续表 1-1-2

类别	名称	形式	平均长度	地头宽度	操向次数/停车换挡次数
180°转弯（主要用于直行法）	蘑菇形弯		(4.1～5)$R+2e$	1.1R+0.5B+e	4/2
	叉字形弯		(5～5.5)$R+2e$	1.1R+0.5B+e	4/2
	针形弯	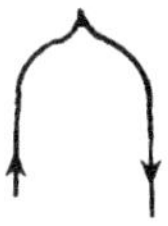	(2.8～4)$R+2e$	2R+0.5B+e	5/1

表 1-1-3　任意角转弯

类别	名称	形式	平均长度	地头宽度	操向次数/停车换挡次数
任意角转弯（主要用于斜行法）	斜弧形弯		(3～5)$R+2e$	—	2/
	有环节斜环形弯		(6～8)$R+2e$	—	4/
	有环节斜 4 字形弯		(3～6)$R+2e$	—	2/2

❖ **步骤 5**：保养耕地机具、封存

问题 1-1-26：耕（翻）地机具作业后应做些什么？

问题 1-1-27：耕（翻）地机具如何保养？

问题 1-1-28：耕（翻）地机具保养的意义是什么？

耕（翻）地作业完成后，由于下次再用此机具的时间会是几个月或是近一年以后，要及时清理和保养机具，以防止其锈蚀、变形等，保持好耕地机械的技术状态。

（1）因需长期存放，要彻底清除机具上的泥尘、油污；犁体工作面和各转动部位涂上防锈油，应停放在通风干燥处等。

（2）检查并拧紧连接螺栓。

（3）全面检查机具的外观，补刷油漆，铰接点、花键轴上涂油防锈。

（4）彻底更换润滑油、润滑脂。

(5)检查传动箱、十字节和轴承是否缺油,必要时立即补充。

(6)检查插销、开口销等易损件有无缺损,必要时更换。

四、任务总结评价

➢ 任务完成清单

班级：　　　　　姓名：　　　　　学号：

<table>
<tr><th colspan="9">任务一　机械化耕地作业实施任务完成清单</th></tr>
<tr><th>序号</th><th>机械化耕地作业实施内容</th><th>是否完成</th><th>完成日期</th><th>资源学习（资源序号）</th><th>是否完成</th><th>完成日期</th><th>是否存在疑问</th><th>是否解决</th></tr>
<tr><td>1</td><td></td><td></td><td></td><td></td><td></td><td></td><td></td><td></td></tr>
<tr><td>2</td><td></td><td></td><td></td><td></td><td></td><td></td><td></td><td></td></tr>
<tr><td>3</td><td></td><td></td><td></td><td></td><td></td><td></td><td></td><td></td></tr>
<tr><td>4</td><td></td><td></td><td></td><td></td><td></td><td></td><td></td><td></td></tr>
<tr><td>5</td><td></td><td></td><td></td><td></td><td></td><td></td><td></td><td></td></tr>
<tr><td>6</td><td></td><td></td><td></td><td></td><td></td><td></td><td></td><td></td></tr>
<tr><td>7</td><td></td><td></td><td></td><td></td><td></td><td></td><td></td><td></td></tr>
<tr><td>8</td><td></td><td></td><td></td><td></td><td></td><td></td><td></td><td></td></tr>
<tr><td>9</td><td></td><td></td><td></td><td></td><td></td><td></td><td></td><td></td></tr>
<tr><td>10</td><td></td><td></td><td></td><td></td><td></td><td></td><td></td><td></td></tr>
<tr><td>11</td><td></td><td></td><td></td><td></td><td></td><td></td><td></td><td></td></tr>
<tr><td>12</td><td></td><td></td><td></td><td></td><td></td><td></td><td></td><td></td></tr>
<tr><td>13</td><td></td><td></td><td></td><td></td><td></td><td></td><td></td><td></td></tr>
<tr><td>14</td><td></td><td></td><td></td><td></td><td></td><td></td><td></td><td></td></tr>
<tr><td>15</td><td></td><td></td><td></td><td></td><td></td><td></td><td></td><td></td></tr>
<tr><td colspan="5">学生签名：</td><td colspan="4">指导教师签名：</td></tr>
<tr><td colspan="5">任务完成情况自评：（ A B C D E ）</td><td colspan="4">任务完成情况教师评价（ A B C D E ）</td></tr>
</table>

说明：等级评价为A、B、C、D、E五级,在评价的等级符号上圈圆圈

注：1. 完成全部分项任务为A；2. 完成80%以上但未完成全部分项任务为B；3. 完成60%～80%分项任务为C；4. 完成40%～60%分项任务为D；5. 完成40%以下分项任务为E。对于资源学习和疑问提出情况,指导教师依据学生表现酌情评价。

➢ 任务评价

班级：　　　　姓名：　　　　学号：

任务一　机械化耕地作业实施任务完成评价单		
评价内容	评价要素	等级评价
信息检索	有效利用网络资源、工作手册查找有效信息	
	能够有条理地解释、表达所学的知识及技能	
	能将检索的信息进行有效转换	
感知工作	熟悉专业、认同职业工作价值	
	在任务完成中收获成就感	
参与状态	能够尊重教师、同学，达成相互理解	
	能够与教师、同学之间保持多向、丰富、适宜的信息交流	
	探究学习，具备一定自主学习能力，善于处理好合作学习和独立思考的关系，做到有效学习	
	能提出有意义的问题或能发表个人见解；能按要求正确实施操作；能够倾听、协作分享	
	积极参与任务，在学习与工作过程中不断学习，综合运用信息技术的能力获得提高	
学习方法	工作计划、操作技能是否符合规范要求	
	是否获得进一步发展的能力	
工作过程	遵守任务操作规程，操作过程符合任务实施管理要求	
	上课出勤情况，任务完成情况	
	能多角度主动发现问题，提出有价值的问题	
思维状态	善于提出问题、分析问题、解决问题；创新意识	
	按时按质完成任务	
自评反馈	较好地掌握专业知识点、技能点	
	具有较强的信息分析能力和理解能力	
	具有较为全面严谨的思维能力，并能条理清晰地表述成文	
任务完成中自我成功小故事描述		

说明：等级评价为 A、B、C、D、E 五级

➢ 任务完成过程收获总结

时间：　　年　　月　　日　　班级：　　　姓名：　　　学号：　　　教师评级等级：

说明：任务完成过程收获总结主要表述在完成过程中的学习收获，要阐述清楚有益的经验和做法，字数≥300 字，并制作 PPT 报告，教师评价等级为 A、B、C、D、E 五级，综合评价文本总结和 PPT 报告两部分内容

五、知识拓展

(1)下图是什么犁?

答:

(2)下图是哪一项犁的世界纪录?(240 hm^2/d)

任务二　机械化耙地耢地作业

一、任务引入

耕翻地后土垡间存在着很多大孔隙,土壤的松碎程度与地面的平整度还不能满足播种和栽植的要求,所以必须进行整地,以达到上松下实、地表平整,为作物的发芽和生长创造良好的条件。耙地(图 1-2-1)是整地作业最重要的作业方式,而耙地机械最常用的是圆盘耙,其次有钉齿耙、滚轧耙,近年来又出现了驱动耙和缺口耙等。

❖ 任务描述

耙地主要作用是碎土。常见的方式是用圆盘耙进行,其碎土力强,翻耕后可以有很好的效果。本任务了解耙地的方式、农用机械种类以及耙地对农作物的影响。

图 1-2-1　耙地作业

❖ 任务步骤分解

耙地作为耕种玉米的重要环节，直接影响土壤的松紧度，耙地的充分与否对玉米的生长有着重要的作用。其基本内容主要从以下三方面阐述，如图 1-2-2 所示。

了解耙地原理 —— 实施耙地作业 —— 清理机具、保养封存

图 1-2-2　耙地基本内容

二、任务前知识准备

问题 1-2-1：什么是顺耙法？

问题 1-2-2：什么是斜耙法？

问题 1-2-3：耙地的目的是什么？

问题 1-2-4：按耙组的排列方式，圆盘耙可分为（　　　）、（　　　）、（　　　）和（　　　）。

问题 1-2-5：悬挂式双列偏置圆盘耙的结构包括什么？

问题 1-2-6：圆盘耙片根据其直径的大小主要分为几种？请分别说明适用范围。

问题 1-2-7：圆盘耙目前国内外已广泛采用，它的主要特点是什么？

问题 1-2-8：悬挂式圆盘耙结构有（　　　）、（　　　）、（　　　）、（　　　）、（　　　）。

问题 1-2-9：耙片厚度一般用式 $\delta=(0.008\sim0.012)D$ 来确定，通常情况下重耙：$\delta=$(　　　)；中耙：$\delta=$(　　　)；轻耙：$\delta=$(　　　)。

问题 1-2-10：什么是耢地作业？

三、任务实施

❖ 步骤 1：了解圆盘耙的工作原理

圆盘耙（图 1-2-3）始用于 20 世纪 40 年代，是替代钉齿耙的主要机具之一，目前国内外广泛采用。它的主要特点是：被动旋转，断草能力较强，具有一定的切土、碎土和翻土功能，能量消耗少，作业效率高，既可在已耕地作业又可在未耕地作业，工作适应性较强。圆盘耙按连接方式可分为牵引式、悬挂式和半悬挂式，按耙片直径可分为重型耙、中型耙和轻型耙，按耙片外缘形状可分为全缘耙（图 1-2-4）和缺口耙（图 1-2-5），按耙组的配置方式可分为单列耙、双列耙、组合耙、偏置耙和对置耙（图 1-2-6）。

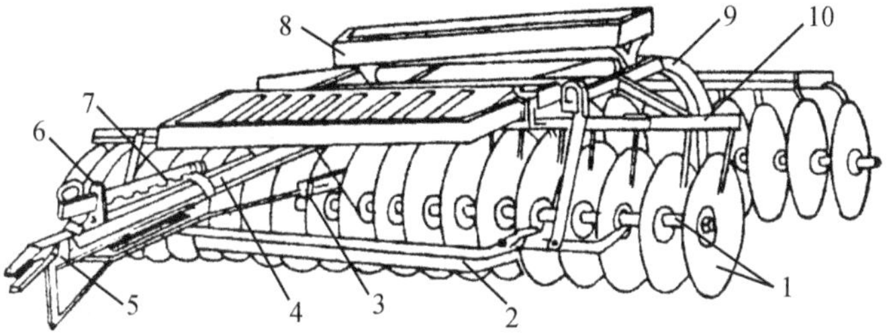

图 1-2-3　牵引式圆盘耙结构

1. 圆盘耙片　2. 前架　3. 深浅调节拉杆　4. 主梁　5. 牵引架　6. 托架　7. 齿板　8. 配重装置　9. 后架　10. 刮泥装置

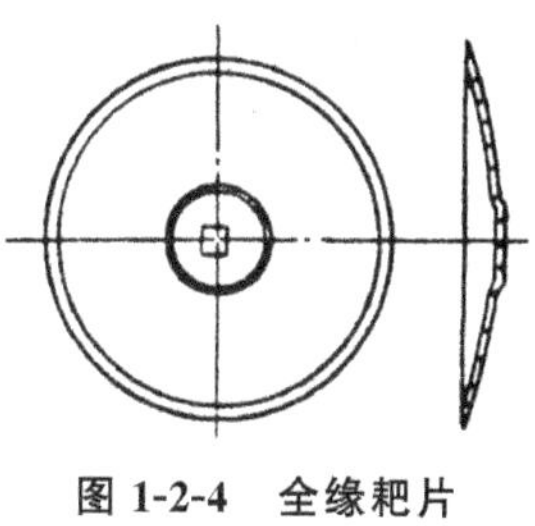

图 1-2-4　全缘耙片

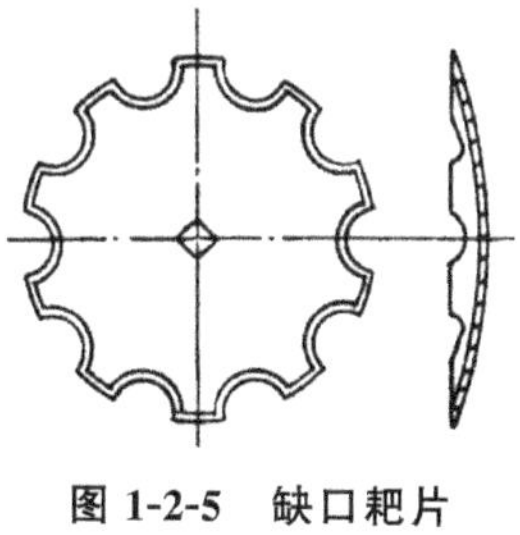

图 1-2-5　缺口耙片

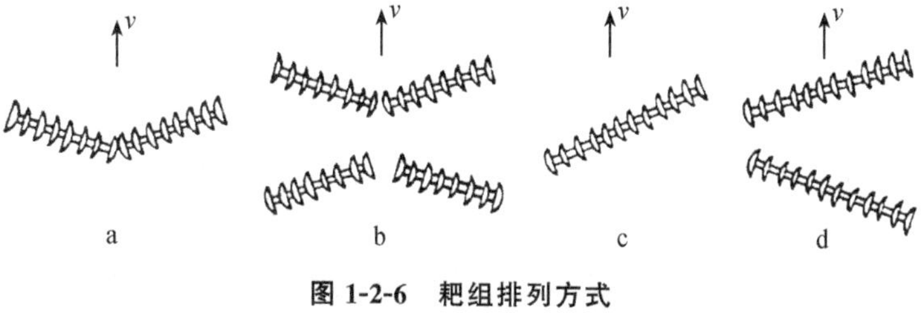

图 1-2-6　耙组排列方式

a. 单列对置耙　b. 双列对置耙　c. 单列偏置耙　d. 双列偏置耙

图 1-2-7 为悬挂式双列偏置圆盘耙的结构，它主要是由耙组、耙架、牵引(悬挂)架、偏角调节装置等组成。两套耙组采用前缺口耙片、后全缘耙片的组合型式，缺口耙片在耙片外缘有 6～12 个三角形、梯形或半圆形缺口。全缘耙片凸面周边磨刃，缺口耙片的缺口部位也磨刃。耙组中耙片通过间管而保持一定间隔，耙片组通过轴承和轴承支板而与耙组横梁相连接。为了清除耙片上粘附的泥土，在横梁上装有刮土铲。

由于缺口耙片减小了周缘的接地面积，因而入土能力增强。耙架用来安装圆盘耙组、调节机构和牵引架(或悬挂架)等部件。有铰接耙架和刚性耙架两种。有的耙架上还装有载重箱，以便必要时加配重，以增加和保持耙的深度；偏角调节器用于调节圆盘耙的偏角，以适应不同耙深的需要。角度调节器的型式有丝杠式、齿板式、插销式、液压式等。丝杠式用于部分重耙上，这种型式结构复杂，但工作可靠。齿板式在轻耙上使用，调节比较方便，但杆体容易变形，影响角度调节。插销式结构简单，工作可靠，调整时，将耙升起，拔出锁定销，推动耙组横梁使其绕转轴旋转，到合适的位置时，把锁定销插入定位孔定位，一般在中耙与轻耙上采用。液压式用于系列重耙上，虽然结构复杂，但工作可靠，操作容易。

牵引或挂接装置是耙与动力机连接的机构，对于悬挂式圆盘耙，其悬挂架上有不同的孔位，以改变挂接高度；对于牵引式圆盘耙，其工作位置和运输位置的转换是通过起落机构实现的，起落过程由液压油缸升降地轮来完成，耙架调平机构与起落机构连动，在起落过程同时改变挂接点的位置，保持耙架的水平。在工作状态，可以转动手柄，改变挂接点的位置，使前后列耙组的耕深一致。

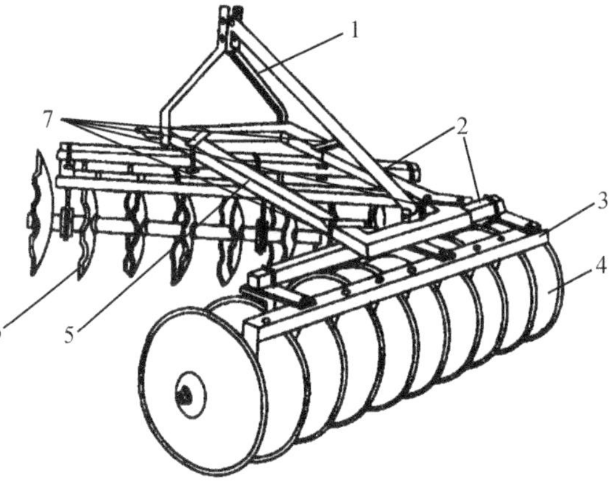

图 1-2-7　悬挂式双列偏置圆盘耙结构

1. 悬挂架　2. 横梁　3. 刮泥装置　4. 圆盘耙组　5. 耙架　6. 缺口耙组　7. 偏角调节装置

在圆盘耙工作过程中，圆盘回转平面与地面垂直是基本工作条件，当圆盘回转平面与机车前进方向的夹角 $\alpha=0°$(即耙片偏角)时只有滚动没有拖动，能切断杂草和土块，但无翻土能力，且难以达到预定的耙深；当 $\alpha=90°$时，耙片只有拖动没有滚动，有强烈的翻土能力，但断草能力几乎为零，且很容易造成土壤堆积和堵塞现象；当 $0<\alpha<90°$时，既有滚动又有拖动，是整地过程所需要的工作状态(图 1-2-8)。

耙地机组在牵引动力的作用下(图 1-2-9)，圆盘耙片受重力和土壤反力的作用，边滚动边切入土壤并达到预定耙深，由于耙片偏角的作用，耙组同时完成了切割土壤，切断杂草和翻扣的工作。

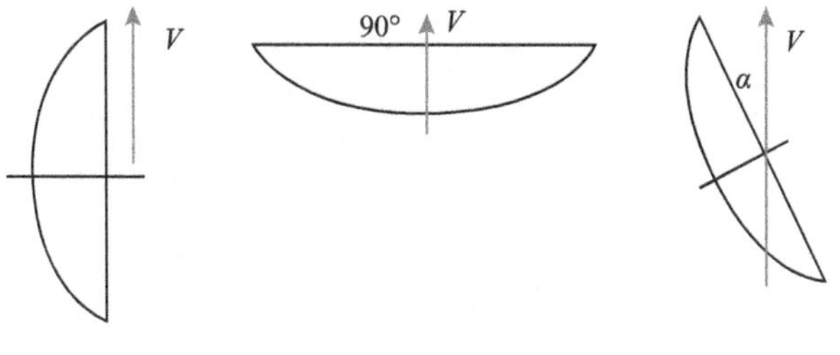

图 1-2-8　圆盘耙角度分析

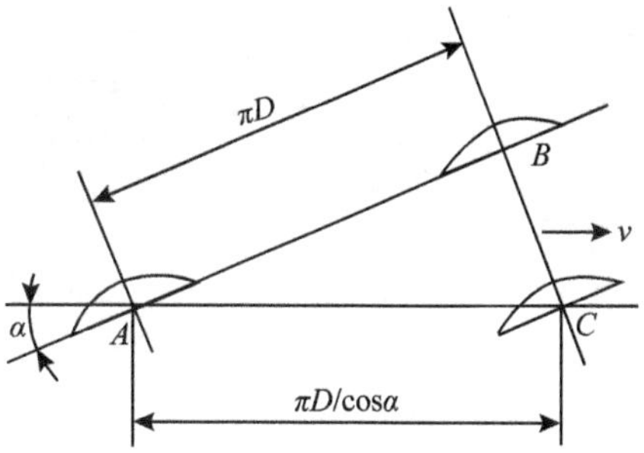

图 1-2-9　耙片运动分解示意图

耙片厚度一般用式 $\delta=(0.008\sim0.012)D$ 来确定，D 为耙片直径。通常情况下重耙 $\delta=5$ mm；中耙 $\delta=4$ mm；轻耙 $\delta=3.5$ mm。耙片轴向安装间距 b 会影响到耙地的质量，它对圆盘耙设计安装和使用耙组、保证其正常工作是非常重要的。轴向间距的大小直接影响耙组在耕作横断面内对土壤加工和处理的程度以及碎土质量。间距太小易造成土壤堵塞，间距太大易产生漏耙。

耙片为一球面圆盘，在凸面周边磨成刃口，重型耙多采用直径 660 mm、有缺口的耙片，这种耙片碎土能力强，入土性能也好，适用于黏重土壤和荒地，但制造和磨损后修复较困难；轻型耙采用直径 460 mm 没有缺口的全缘耙片，中型耙常用二者组合，前列用缺口耙片，后列用全缘耙片。

目前圆盘耙片根据其直径的大小主要分为三种：直径 460 mm 的为轻型耙；560 mm 为中型耙；660 mm 为重型耙，见表 1-2-1。

表 1-2-1　圆盘耙片的分类

类型	轻型圆盘耙	中型圆盘耙	重型圆盘耙
单片耙重/kg	15～25	20～45	50～65
耙片直径/mm	460	560	660
耙深/cm	10	14	18
牵引阻力/(kN/m)	2～3	3～5	5～8
适用范围	适用于中等壤土的耕后耙地，播前松土，也可用于轻壤土的灭茬。多为悬挂式、小直径、无缺口、全缘耙片	适用于黏壤土的耕后耙地，也可用于中等壤土的以耙代耕	适用于开荒地、沼泽地和黏重壤土的耕后耙地，也可用于壤土的以耙代耕。多为牵引式、直径大且有缺口耙片

在进行机械化耙地作业(图 1-2-10)时，要掌握耙地方法才能将地整理好，常见的耙地方法有以下三种。

(1)顺耙法　耙地机行进方向与犁耕垡条方向一致，松软土地，土垡已有一定程度破碎时，有较好的效果，否则难以耙平垄沟。

(2)横耙法　耙地机行进方向，要跟犁耕垡条的方向保持垂直，这样切土、碎土和平土效果较好，但机具颠簸厉害，阻力大。

(3)斜耙法　耙地机方向与犁耕垡条方向成 45°角，又称对角线耙法，具有很好的切土、碎

顺耙法　　斜耙法

图 1-2-10　耙地机组机械化耙地作业图

土、平土作用，机组行走较平稳，是一种较好的耙地方法。

耙地作业质量标准可用六度来概括：深度、平度、碎度、净度、匀度、齐度。深度要求：重型圆盘耙 16～18 cm，中型圆盘耙 14～16 cm，轻型圆盘耙 12～14 cm，误差±1 cm；平度要求：地表平整，耙后垄台垄沟无明显差别，达到上平下也平，地表无印痕或土包；碎度要求：耙后地表平整细碎，耕层内无大土块、无大空隙；净度要求：不漏耙，不拖堆，耙碎根茬，地表无残茬；匀度要求：相邻作业幅重耙量≤15 cm，无漏耙；齐度要求：耙到头到边，地头没有三角抹斜，地头整齐，田间道不超宽。

❖ **步骤 2**：实施耙地作业

问题 1-2-11：耙地作业的机械入地和出地要如何操作？

问题 1-2-12：耙地作业转弯时需要升起耙组吗？

问题 1-2-13：耙地作业时，工作多久要检查轴承温度？

问题 1-2-14：耙地作业前，要对耙进行哪些调整？

问题 1-2-15：耢地作业有什么意义？

玉米生产的耙地作业有一定的田间操作规程。作业时要先耙枕地 2 圈，便于转弯不漏；从地的 1/3 或 1/2 处开堑，45°角斜耙（才能达到耙深效果），耙后将四周圈 2 遍，以便弥补转弯遗漏处。重耙深度 16～18 cm，轻耙 14～16 cm。耙碎耙平，宁重不漏，到头到边，不拖堆。

1. 耙地作业

耙地作业需要注意以下几点。

（1）地号清理干净。

（2）耙调整水平，角度调整好，前列 17°，后列 22°；耙片直径达标，各耙串直径一致，前后耙轨迹不重合，两个耙串间距与耙片间距一致（不然漏格子）。

(3)边缘耙片要小于正常耙片，以免出沟。

(4)机车进地后将折叠液压管拔掉。

(5)耙地转弯不允许升起，转大弯，不漏耙，确保不漏三角。

(6)耙放到底，不允许地轮着地。

(7)刮土板调整好，及时清理泥土。

(8)调整后耙，中间不出堆和坑。

(9)往复结合宁重不漏，不出沟和包，无明显印记。

圆盘耙使用时注意以下几点。

(1)悬挂式圆盘耙机组作业时，拖拉机液压系统大都放在浮动位置。拖拉机悬挂机构的左、右限位链应处在松弛状态。

(2)机组作业或运输时，耙架上严禁站人或放重物。发现故障应停车排除，禁止行进时用手或脚直接清除机具上的杂草泥土。

(3)草皮层较厚，土质黏重的新荒地、水稻地或重盐碱地，应选用重型缺口耙，以利于耙碎，耙透垡片和草皮层。土质较黏重的熟地，可用重型圆盘耙作业，如用轻型圆盘耙时，则要加配重，以防耙体跳动，影响入土深度。耕翻质地松软的熟地，一般采用轻型圆盘耙。前作物收割后的灭茬，可采用轻型双列圆盘耙或重型缺口耙。

(4)圆盘耙每工作 2～3 h，应检查轴承温度及进行各部螺母锁片的安装和紧固；每工作 4～5 h，应向轴承注油；雨后及灌溉后土壤比较黏重，或刮土板与耙片之间的间隙过大等情况，都会使耙堵塞，应及时清除，否则会造成耙地深度不够。

(5)运输时，耙片角度应调整为零度并卸掉加重箱上的重物。轻型圆盘耙应装上行走轮，使耙片离地，以免破坏路面或损坏耙片；重型耙应调节轮子呈运输状态。

(6)停放时，双作用油缸、软管及快速自封插头全部拆洗保养，及时更换损坏件，并在室内清洁干燥处保管；耙组用木板垫起，在耙片上涂油防锈，最好停放在室内。

(7)作业前对耙进行检查，同一耙组耙片，刃口着地点应在同一直线上，偏差应小于 5 mm。各刃口间要相互平行，最大不平行度不能超过 10 mm。圆盘间距应相等，偏差应小于 8 mm。刃口锋利不变形，刃口厚度不大于 0.4 mm，刃口斜面长为 8～10 mm，刃口角度为 15°～20°。如果刃口有缺损，缺损处的深度应小于 15 mm，长度应小于 15 mm，一个耙片上的缺损处应不超过 3 处。刮土板应安装在圆盘凹面的上方，并用螺母固定在耙架上。刮土板的位置可以调整，与圆盘间要有适当间隙，一般上部间隙为 10～25 mm，下部间隙为 3～10 mm。圆盘耙组应自由转动，耙片不得在轴上晃动，方轴应正直。耙架不应变形或开焊，各连接螺钉要紧固，润滑油嘴完好。

作业前对耙的调整，主要调整以下几点：

(1)深浅调整。耙的工作深度用改变偏角或加配重的方法来调整。偏角增大，则入土深，堆土、铲草、碎土和翻土等作用增强。圆盘耙片的偏角都有一定的调节范围，适应不同的土壤情况和作业要求。土壤湿度大时偏角不宜过大，否则，容易造成耙片粘土和堵塞。圆盘耙片偏角调节范围一般为 14°～23°，由于前列耙组在未耙地上工作，为使前后两列耙组的阻力接近相等，后列耙组的偏角应大于前列耙组。在黏重干硬的土壤作业时，如入土深度不够，可在耙架加重箱上加重，但不得加石块或铁器。加重时，重物应放在耙组作业时向上翘起的一端。由于耙片的工作深度受到耙片直径的限制，一般耙深约为耙片直径的 1/6～1/4。

(2)横向水平调节。有的耙上有水平调整机构,用来调整耙架水平。悬挂耙没有水平调整机构时,也可通过拖拉机的上拉杆和左右提升杆来调整耙架的纵向和横向水平。两台以上的耙联接作业时,两台耙的角度调节应一致,机架要水平以保证前后列耙深一致。

(3)纵向水平调整。牵引耙是通过改变耙架上挂接位置的高低来调整。当前列耙深,后列耙浅时,应降低牵引装置在耙架上的挂接位置。反之,则应提高耙架上的挂接位置。悬挂耙的纵向水平调整,是通过改变悬挂装置的上拉杆长度进行的,当前列耙深,后列耙浅时,应调长上拉杆;反之,调短上拉杆。

2. 耢地作业

耢地是在耙地后或与其结合进行的作业(图 1-2-11),也叫耱地,有的地方还叫盖地。多用柳条、荆条、木框等制成耢(耱)拖擦地面,能起到形成干土覆盖层,减少土壤表面蒸发和平地、碎土、轻度镇压等作用。常在犁地、耙地之后进行[现在多是与耙地结合作业(图 1-2-12)],用以平整地面,耱实土壤,耱碎土块,为播种提供良好的条件。质地松、杂草少的土地,可在耕地后,以耱地代替耙地。有时在镇压过的土壤上进行耱地,以利保墒。播种后耱地,有覆土和轻微镇压作用。

图 1-2-11 耢地作业

图 1-2-12 耙耢结合作业

耢地没有标准的机械,多是在耙地机械后面挂上可完成耢地效果的物体,有些地区播种后种植户会增加一道耢地工序,来给种子更好的覆土和镇压。

耢地作业的质量要求:耢地作业也要做到适期耢平地,北方春季耢地在化冻 3 cm 即可作业，严禁湿平地。耢平到地头、地边、不拥土、不拖堆，往复结合线无明显凸台。不漏耢，往复结合线重复不少于 15 cm。平后地表平整，垂直于播种方向，在 4 m 宽内高低差小于 5 cm。平后土壤细碎，每平方米范围内，直径 5 cm 土块不超 3 块。

❖ **步骤 3**：清理机具、保养封存

问题 1-2-16：耙地机械需要哪些保养？

问题 1-2-17：一个作业期的耙地作业结束后，如何保养耙地机械？

问题 1-2-18：耙地机械在长期停放前要检查什么？

问题 1-2-19：耙地机械长期停放时要注意哪些内容？

耙耢作业完成后，应清除耙上的缠草；由于耙的紧固件易松动，所以要检查连接部分紧固情况并予以拧紧；方轴螺母最易松动，须留意检查，以免运输过程中掉落。

耙组按大小型号不同，可将它们放置在不同的地点。对于相对小型的耙组，可选择放在室内。大型耙组要停放在平坦的场地，场地最好干燥、通风并易于排水。如因条件限制，耙组露天停放时，要注意将其垫高，避免与地面直接接触。轮胎是橡胶制成的，因此，应在停放时注意防止阳光暴晒，尽量用帆布遮盖严实。如条件允许，可在轮胎上涂抹一层石蜡，起到保护的作用。铁质或钢制的部位应尽量不与土壤接触，避免出现锈蚀。对耙组的配合件要定期润滑并转动，防止锈死。对于耙片，应将其表面涂上机油，以防生锈，定期检查各部件，发现问题及时解决。

耙地机械在一个作业季要进行三种保养：班保养、季度保养和长期停放保养。而长期停放保养常常被忽视。

1. 班保养

(1)每班工作后，清理耙片、刮板和限深轮等上面的积泥和缠草等杂物。

(2)检查所有紧固螺栓的紧固状态，松动的要拧紧。

(3)对耙组轴承、限深轮、运输轮及调整丝杆等需要润滑处，每班要注润滑脂或润滑油 1～2 次；各转动部位加注润滑油或黄油使其运转灵活。

(4)检查刮泥刀与耙片间隙，观察是否有摩擦现象。

2. 季度保养

(1)季度作业完成后，应对各部分检查保养。检查耙片的磨损、损坏情况，超过规定应及时修理或更换。

(2)对各润滑部位，做全方面的润滑，外露的丝杆、悬挂销上涂防锈油。

(3)将整台耙清洗干净，耙片表面涂上防锈油。更换轴承内的黄油，对各润滑部件加注润滑油，耙片上涂机油，以防锈蚀。

3. 长期停放保养

(1)圆盘耙长期停放时，用木板将耙组垫起。液压或气动接头涂上防锈油，用塑料纸包裹，防止磕碰损伤，停放在地势高的地方，并覆盖苫布以防雨淋。

(2)注润滑脂的位置：耙组轴承、限深轮、运输轮等处的润滑点；注润滑油的位置：耙组调节机构等。

四、任务总结评价

➢ 任务完成清单

班级： 姓名： 学号：

任务二　机械化耙地＋耢地作业实施完成清单								
序号	耕整地机械种类	是否完成	完成日期	资源学习（资源序号）	是否完成	完成日期	是否存在疑问	是否解决
1								
2								
3								
4								
5								
6								
7								
8								
9								
10								
11								
12								
13								
14								
15								
学生签名：					指导教师签名：			
任务完成情况自评：（ A B C D E ）					任务完成情况教师评价（ A B C D E ）			

说明：等级评价为A、B、C、D、E五级，在评价的等级符号上圈圆圈

注：1. 完成全部分项任务为A；2. 完成80%以上但未完成全部分项任务为B；3. 完成60%～80%分项任务为C；4. 完成40%～60%分项任务为D；5. 完成40%以下分项任务为E。对于资源学习和疑问提出情况，指导教师依据学生表现酌情评价。

➢ 任务评价

班级：　　　　　姓名：　　　　　学号：

任务二　机械化耙地+耢地作业实施完成评价单		
评价内容	评价要素	等级评价
信息检索	有效利用网络资源，工作手册查找有效信息	
	能够有条理地解释和表达检索到的知识及技能	
	能将检索的信息进行有效转换	
感知工作	熟悉专业、认同职业工作价值	
	在任务完成中收获成就感	
参与状态	能够尊重教师、同学，达成相互理解	
	能够与教师、同学之间保持多向、丰富、适宜的信息交流	
	探究学习，具备一定自主学习能力，善于处理好合作学习和独立思考的关系，做到有效学习	
	能提出有意义的问题或能发表个人见解；能按要求正确实施操作；能够倾听、协作分享	
	积极参与任务，在学习与工作过程中不断学习，综合运用信息技术的能力获得提高	
学习方法	工作计划、操作技能是否符合规范要求	
	是否获得进一步发展的能力	
工作过程	遵守任务操作规程，操作过程符合任务实施管理要求	
	上课出勤情况，任务完成情况	
	能多角度主动发现问题，提出有价值的问题	
思维状态	善于提出问题、分析问题、解决问题；创新意识	
	按时按质完成任务	
自评反馈	较好地掌握专业知识点、技能点	
	具有较强的信息分析能力和理解能力	
	具有较为全面严谨的思维能力，并能条理清晰地表述成文	
任务完成中自我成功小故事描述		

说明：等级评价为 A、B、C、D、E 五级

➢ 任务完成过程收获总结

时间： 年 月 日 班级： 姓名： 学号： 教师评级等级：

说明：任务完成过程收获总结主要表述在完成过程中的学习收获，要阐述清楚有益的经验和做法，字数≥300字，并制作PPT报告，教师评价等级为A、B、C、D、E五级，综合评价文本总结和PPT报告两部分内容

五、知识拓展

(1)下图是一架什么型号的整地机械?

(2)下图是哪一种整地机械?

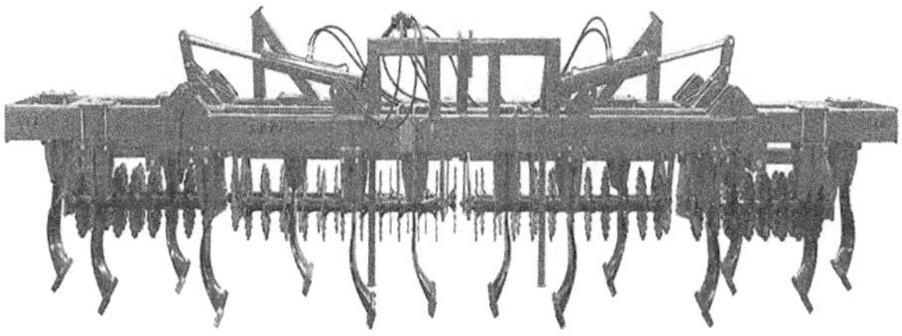

任务三　机械化起垄镇压作业

一、任务引入

机械化起垄镇压作业是农业生产中的重要环节,需要机械设备的支持和专业技术的指导,以确保作业质量要求得到满足,重在提高土壤的透气性、减少水分蒸发、促进作物生长。

❖ 任务描述

作为农机专业的学生,需要熟知起垄和镇压作业的全过程,包括确定垄体的结构和面积(以便合理安排机械行走路线和作业时间)、选择适合作业要求的起垄机和镇压机、实施起垄镇压作业、设备保养和封存。在实施这些任务时,需要注重细节,严格执行相关标准和程序,以确保达到预期的效果。同时,还需要了解农业生产的发展趋势,对标农民和企业,了解行业最前沿的知识,认识到机械化作业在现代农业生产中的重要性,以共同推动农业生产的发展。

❖ 任务步骤分解

机械化起垄镇压作业,主要包括四个方面,如图 1-3-1 所示。

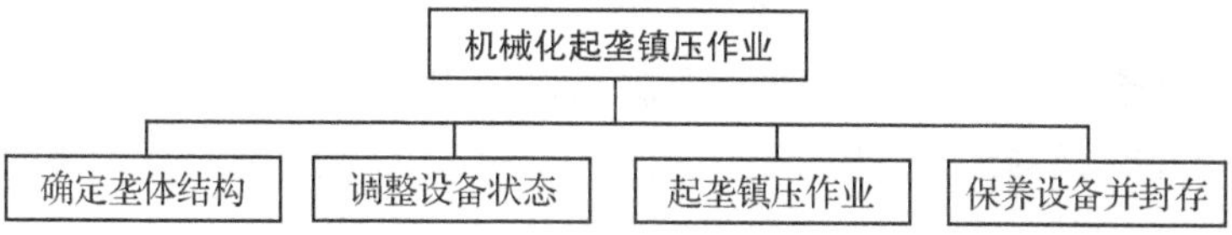

图 1-3-1　机械化起垄镇压作业步骤

二、任务前知识准备

问题 1-3-1:哪些因素会影响起垄和镇压的效果?

问题 1-3-2:起垄机和镇压器的工作原理和操作方法是什么?

问题 1-3-3:起垄机如何进行保养?

问题 1-3-4:起垄机和镇压器如何进行封存?

三、任务实施

❖ **步骤 1:**确定垄体结构,选择机具(按农艺要求)

问题 1-3-5:起垄机主要有(　　　　)、(　　　　)和(　　　　)三种类型。

问题 1-3-6:什么是垄作?

问题 1-3-7:铧犁式起垄机主要由(　　　　)、(　　　　)和(　　　　)组成。

问题 1-3-8:简述圆盘式起垄机工作原理。

(一)垄体结构

垄作是在高于地面的土壤上栽种作物,以提高地温、防旱抗涝的一种耕作方式。垄由高凸的垄台和低凹的垄沟组成。垄作在中国始见于西周,战国时已盛行于北方,气候冷凉、春季易旱、夏季易涝地区采用较普遍。垄体结构如图 1-3-2 所示。

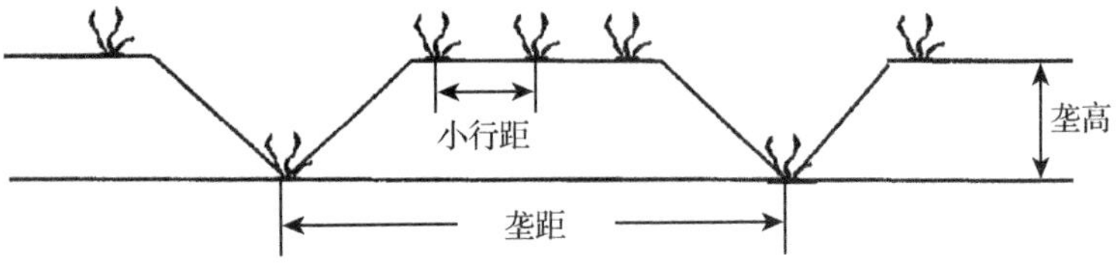

图 1-3-2　垄体结构

垄的高低、垄距、垄向因作物种类、土质、气候条件和地势等而异。垄的横断面近似等腰梯形。中国东北地区的方头垄,垄台高 16～20 cm,垄距一般为 65～70 cm。垄距过大,不能合理密植;垄距过小则不耐干旱、涝害,而且易被冲刷。在玉米种植中有大垄、小垄之别。大垄一般垄高 30～36 cm,垄距 80～130 cm,应用较普遍;小垄一般垄高 18～24 cm,垄距 66～85 cm,适合于地势高、水肥条件差的地区。图 1-3-3、图 1-3-4 分别为小垄和大垄玉米种植。

图 1-3-3　玉米小垄种植

图 1-3-4　玉米大垄种植

(二)选择机具

1. 起垄机

总体上说,起垄机主要有铧犁式起垄机(图 1-3-5)、圆盘式起垄机(图 1-3-6)和压辊式成垄机等。

铧犁式起垄机主要由铧犁、支架和传动装置等部分组成。它的工作原理是利用铧犁切割土壤,然后通过犁体的作用,将土壤翻起形成垄。这种起垄机的特点是结构简单,操作方便,适用于土质较松软的农田。但是,由于铧犁的工作深度受到限制,所以不适合用于土质较硬或石块较多的农田。

圆盘式起垄机主要由圆盘、支架和传动装置等部分组成。它的工作原理是利用圆盘切割和翻动土壤,形成垄。这种起垄机的特点是工作效率高,适用于各种土质的农田。但是,由于圆盘的工作深度和垄的高度受到限制,所以对垄体的形状和大小调整较为困难。

压辊式成垄机主要由压辊、支架和传动装置等部分组成。它的工作原理是利用压辊对土壤进行压实,形成垄。这种成垄机的特点是可以根据需要调整压辊的压力,从而调整垄的高度和宽度,适应性强。但是,由于需要较大的压实力,所以对拖拉机的功率要求较高。因起垄机械结构都比较简单轻便,所以起垄机械以悬挂式为主,起的垄数从单行到 20 多行都有。

图 1-3-5　铧犁式起垄机

图 1-3-6　圆盘式起大垄机

2. 镇压器

镇压作业的农机具是镇压器,是用来压实起垄后过松的土壤,压碎土块,压紧耕作层,平整土地，在干旱多风地区压实地表防止土壤风蚀，用以保墒或是播种后压实覆土以利于土壤水分上升，促进种子更快发芽的农机装置或设备。常用的镇压器多为牵引式，根据形状不同一般分为 V 形、网环形、圆筒形等。

(1)V 形镇压器

V 形镇压器是由像算盘珠状的空心铸铁轮体，紧密地排列在轴上组成镇压辊，每组又由前后两列直径不同的镇压辊构成，通常把 2～3 组连接一体，如图 1-3-7 所示。

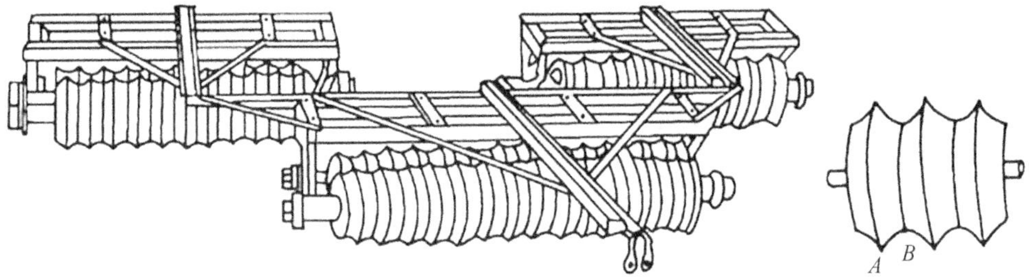

图 1-3-7　V 形镇压器

V 形镇压器滚动时，*A* 点压入土中处于波谷处，*B* 点处于压在地表的波峰处。由于 *A* 点处压力较大，故当滚轮滚动一周时，*B* 点处会产生较大的滑移，这种滑移现象，使地表波峰处出现鱼鳞状碎土片覆盖层，在一定程度上有减少水分蒸发作用。而在波谷 *A* 点处则土壤被压实，有利于下层水的上升。

(2)网环形镇压器

网环形镇压器的构造与 V 形镇压器相似，但工作部件(网环)的外缘为网形，而且直径也较 V 形的大，质量也重，故以压实下层土壤为主，并能保持表土疏松，使土壤有较好的保墒性能，因此又名心土镇压器，如图 1-3-8 所示。

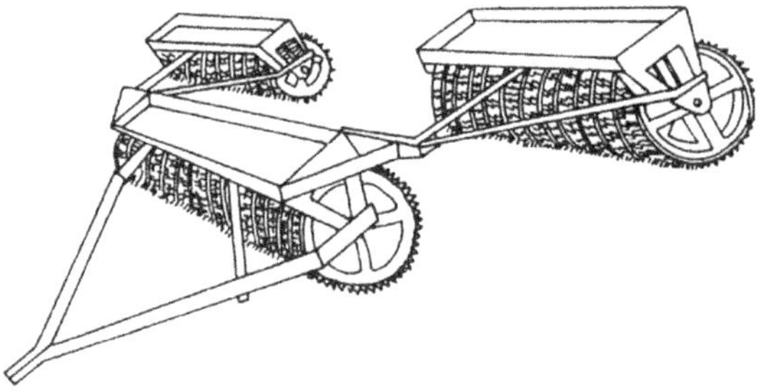

图 1-3-8　网环形镇压器

(3)光面辊镇压器

光面辊镇压器是由钢板或铸铁制成表面光滑的圆柱形滚筒，内部装填砂、碎石及泥土等构成，如图 1-3-9 所示。光面辊因作用面光滑，使土壤表面的风势强，保持土壤水分的能力差，破碎力也不足，主要用于表土的镇压。

(4)管状辊镇压器

管状辊镇压器是把钢管做成圆筒形，平行排列起来，在一根轴上连接许多个，如图 1-3-10 所示。这种镇压器质量轻，但破碎效果好，镇压后地面呈规则的凸凹不平，减小风势，土壤水分保持良好。

图 1-3-9　光面辊镇压器

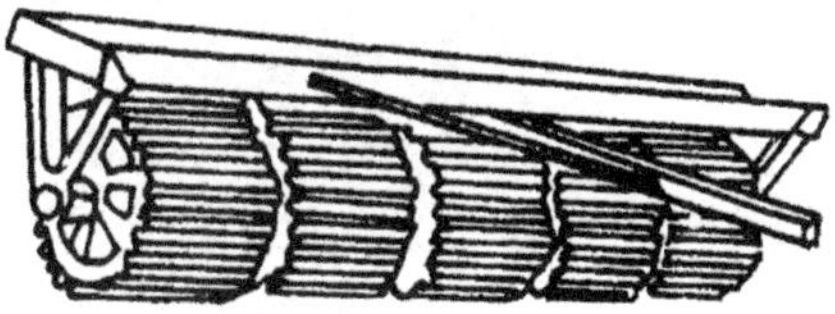

图 1-3-10　管状棍镇压器

(5)齿盘 V 形镇压器

齿盘 V 形镇压器是在两个 V 形轮之间加装一个齿盘，且齿盘的外径稍大于 V 形轮，齿盘在回转的同时上下运动，如图 1-3-11 所示。这种镇压器的破碎能力极强，可有效地镇压黏重土壤，此外还可用于镇压带霜冻的土壤。

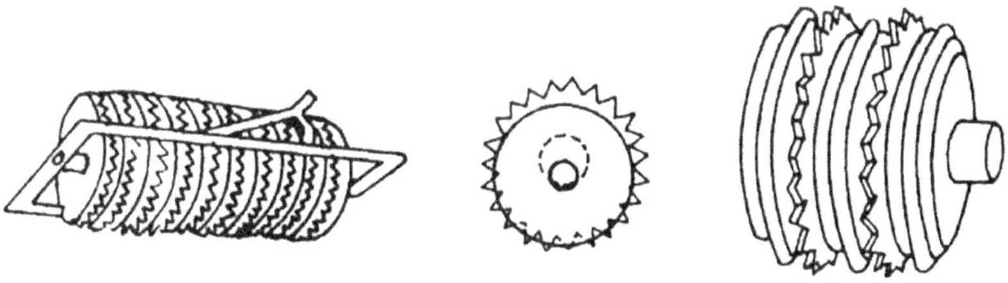

图 1-3-11　齿盘 V 形镇压器

镇压器的结构包括拖架、主轴和镇压主体。拖架上设有挂环，拖架通过螺栓与主轴相连接；主轴上穿装有镇压主体。图 1-3-12 为 65 cm 小垄起垄与镇压作业，图 1-3-13 为玉米 110 cm 大垄成垄后镇压作业。

图 1-3-12　起垄与镇压作业(65 cm 小垄)

图 1-3-13　起垄与镇压作业(110 cm 大垄)

❖ **步骤 2**：调整起垄机技术状态

问题 1-3-9：起垄机常见故障有哪些？

问题 1-3-10：调整起垄机技术状态包含哪些内容？

问题 1-3-11：起垄机使用中如何调整？

(一)起垄机使用前检查

进行前期检修和检查是非常重要的，这可以确保机具的正常运行，避免因机具故障导致的作业效率降低或者作业质量下降。以下是一般的检修、检查步骤和流程。

(1)外观检查：首先，检查起垄机的外观是否有明显的损坏或者磨损，如机体是否有裂纹，涂层是否有脱落等。

(2)零部件检查：检查起垄机的各个零部件是否完好，如切割部件、翻土部件、压实部件等是否有磨损或者损坏，是否需要更换。

(3)连接部位检查：检查起垄机与拖拉机的连接部位是否牢固，连接螺丝是否有松动。

(4)传动系统检查：检查起垄机的传动系统，如链条、齿轮等是否正常，是否需要加油润滑。

(5)液压系统检查：如果起垄机有液压系统，需要检查液压油的油位和油质，检查液压管路是否有泄漏。

(6)调整部位检查：检查起垄机的各个调整部位，如垄高调整、垄宽调整等是否灵活，是否能够正常工作。

(7)作业前检查：检查各部件螺母和顶丝紧度，应拧紧，检查施肥箱、中间轴、划印器、圆盘等部位转动情况，应注润滑油。

(8)功能测试：在检查完以上部位后，进行空载运行测试，检查起垄机是否能够正常工作，是否有异常声音。

(二)起垄机使用中调整

(1)通过调节支撑轮高度即可调节机架高度，一般使支撑轮下缘距支架横梁上平面垂直距离在 6 cm 左右为宜。

(2)通过上下串动铧柄位置调节起垄铧深度，在调节时，要使各组铧尖与顺梁距离一致。

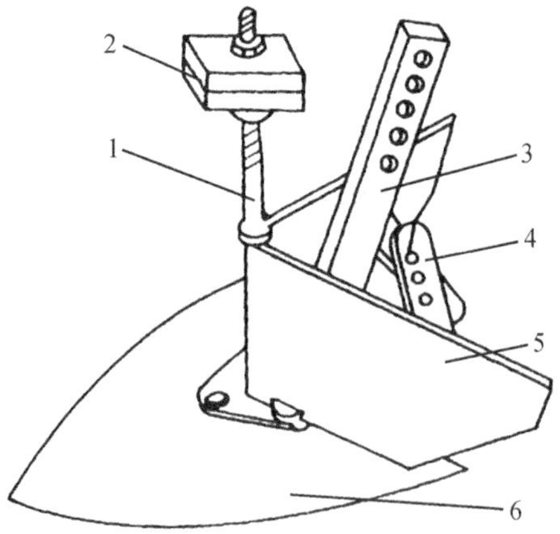

图 1-3-14　铧犁一般结构

1. 立轴　2. 卡板　3. 铧柄　4. 连接板　5. 分板　6. 三角形铧

(3)根据垄型要求调节分土板开度，分土板开度调节要使垄型饱满为主。

(4)(有施肥箱的起垄机)通过拧动施肥箱左右内侧的肥量调节总成，串动排肥轴改变排肥轮工作长度调节施肥量的大小，各排肥槽轮工作长度应一致，如不一致，可通过串动排肥轴上的卡箍进行调节。

(5)可通过经验或在地头反复试验确定划印器长度。

(6)作业时应调节拖拉机悬挂机构的中央拉杆，使机架前后处于水平状态，也可以用中央拉杆调节起垄铧的工作深度，调节拖拉机悬挂机构的左右拉杆，使机架左右处于水平状态，拖拉机下拉链应适当调紧，以免机具偏摆。铧犁一般结构如图 1-3-14 所示。

(三)起垄机具的常见故障

(1)机具入土困难　主要是因为铧犁刃口磨损严重或入土角度不合适。需要更换铧犁或调整入土角度。通常入土角度可以调整在30°～45°之间。具体操作时，可以先松开悬挂装置的调节螺栓，将铧犁调整到合适角度后再重新紧固螺栓。

(2)起垄深度不均　主要原因是限深轮的高度不一致、限深轮损坏或铧犁安装不平。检查和维修限深轮：如果限深轮高度不一致，可以通过调节限深轮的安装支架，使其保持在同一高度；如果轴承损坏，应及时更换轴承。重新安装铧犁：使用水平仪等工具检查铧犁的安装情况，确保铧犁处于水平状态。如果发现铧犁不平，可以调整悬挂装置的拉杆长度来校正铧犁的水平度。

(3)翻土质量差　主要原因是铧犁形状变形、作业速度过快或铧犁间距不当。可通过矫正铧犁形状、调整作业速度和调整铧犁间距来解决。

❖ **步骤3**：实施起垄镇压作业

问题1-3-12：起垄作业的操作步骤有哪些？

问题1-3-13：镇压作业的操作步骤有哪些？

问题1-3-14：铧犁一般结构包括(　　　　)、(　　　　)、(　　　　)、(　　　　)、(　　　　)、(　　　　)。

(一)起垄作业

玉米种植中，起垄是必不可少的环节。起垄能够使土地更好地保水保肥，同时也有利于改善土壤的通透性；起垄还可以避免过多的积水，从而减少病虫害的产生，提高玉米的产量；合理的起垄还可以使农民在收获时更加轻松省力。

1. 起垄作业过程

(1)切割土壤　起垄机的地犁将土壤向上翻转，斗板将翻转的土壤推向起垄板。

(2)形成垄体　起垄板将土壤继续向上翻转，同时对土壤进行压实，形成垄体。

(3)压实垄体　压地轮对垄体进行压实，提高垄体的密实度和稳定性。

2. 机械化起垄作业的操作步骤

(1)选择合适的时机　北方种植玉米的起垄作业有两个时段：春播前和玉米出苗后15 d左右进行。春播前的起垄多是在上一年秋翻过的田地上进行的。

(2)选择合适的工具　不同土壤条件和种植模式应选择不同的工具，以确保起垄效果良好。有秸秆还田操作的地块，宜采用圆盘式起垄机，有利于切断秸秆，成垄效果好。

(3)测量土地　在进行起垄之前，需要对土地地块进行测量，确定起垄的位置、长度和宽度，保证起垄的布局合理。

(4)进行起垄　根据土地的实际情况，可以采用直线起垄或曲线起垄等不同的起垄方式。在起垄过程中，要保持垄的宽度和高度均匀，确保土壤的密实度和通透性。同时，要注意避免垄的崩塌和变形。

(5)平整垄面　玉米的生长需要平整的垄面，如果垄面不平整，可能会影响玉米的生长和产量。

(二)镇压作业

(1)选择合适的镇压机。根据土壤类型和作物种类,选择合适的镇压机。不同的土壤和作物可能需要不同的镇压力度和镇压深度。

(2)调整镇压机。根据需要,调整镇压机的压力和深度。一般来说,土壤越松软,需要的压力越大;种子越小,需要的压力越小。

(3)开始镇压作业。将镇压机与拖拉机连接,然后开始镇压作业。在镇压过程中,应保持稳定的速度,避免因速度过快或过慢导致的压实不均。

(4)检查镇压效果。镇压完成后,检查土壤的压实情况。如果发现有部分地方压实不足,可以进行二次镇压。

(5)后期管理。镇压作业完成后,需要进行后期的田间管理,如灌溉、施肥、病虫害防治等。

❖ **步骤4:**保养起垄机并封存

问题1-3-15:起垄机的保养应注意哪些问题?

问题1-3-16:长期存放起垄机应做哪些措施?

问题1-3-17:在一个作业季节结束后,起垄机要做哪些检查?

起垄机具在使用与停放时要进行正确的保养与保管,以保持机具的良好技术状态和使用寿命。

(1)机具在班次工作结束后,应清除各工作部件上的泥土、秸秆等杂物,应对润滑部位注油,拧紧所有松动的螺母,尤其是各个U形卡丝上的螺母,检查传动链条的松紧度及磨损情况。

(2)把整机升起,转动地轮,检查排肥总成(如果有)的工作情况,消除各种卡滞现象。

(3)运输时,整机应升到最高位置,划印器要竖起,如果是远途运输,应将中央拉杆调到最短,以便得到较高的运输间隙。

(4)一个作业季节结束后,要进行全面的技术状态检查,更换或修复磨损和变形的零部件,检查各部轴承磨损情况,检查链条的磨损和链轮的转动情况,必要时予以调整或更换。

(5)长期存放应对损坏或不能继续使用的零件进行修理或更换;应卸开润滑部位进行清洗,并涂上润滑油;对犁铧等与土壤接触的部件,应擦净并涂油,以防锈蚀;放松压力弹簧,使之处于自由状态;应对整机进行彻底的清洗,存放在干燥、防雨的库中,并用支架将机具框架垫起来,使地轮不再承受负荷。

农业建设在近年来逐渐涌现出了新的耕种技术。将机械化应用到农作耕种中,是与时俱进的表现。一般使用者注重机器的操作技术,但不重视保养和维护,在机器大强度农作以后,一般会出现一些问题。若想保持机器良好的工作状态,对机器的保养及维护是必不可少的。

四、任务总结评价

➢ 任务完成清单

班级：　　　　姓名：　　　　学号：

任务三　机械化起垄镇压作业任务完成清单								
序号	起垄镇压作业	是否完成	完成日期	资源学习（资源序号）	是否完成	完成日期	是否存在疑问	是否解决
1								
2								
3								
4								
5								
6								
7								
8								
9								
10								
11								
12								
13								
14								
15								
学生签名：				指导教师签名：				
任务完成情况自评：（ A B C D E ）				任务完成情况教师评价（ A B C D E ）				

说明：等级评价为 A、B、C、D、E 五级，在评价的等级符号上圈圆圈

注：1. 完成全部分项任务为 A；2. 完成 80％以上但未完成全部分项任务为 B；3. 完成 60％～80％分项任务为 C；4. 完成 40％～60％分项任务为 D；5. 完成 40％以下分项任务为 E。对于资源学习和疑问提出情况，指导教师依据学生表现酌情评价。

➢ 任务评价

班级：　　　　姓名：　　　　学号：

任务三　机械化起垄镇压作业任务完成评价单		
评价内容	评价要素	等级评价
信息检索	有效利用网络资源，工作手册查找有效信息	
	能够有条理地解释、表达所学的知识及技能	
	能将检索的信息进行有效转换	
感知工作	熟悉专业、认同职业工作价值	
	在任务完成中收获成就感	
参与状态	能够尊重教师、同学，达成相互理解	
	能够与教师、同学之间保持多向、丰富、适宜的信息交流	
	探究学习，具备一定自主学习能力，善于处理好合作学习和独立思考的关系，做到有效学习	
	能提出有意义的问题或能发表个人见解；能按要求正确实施操作；能够倾听、协作分享	
	积极参与任务，在学习与工作过程中不断学习，综合运用信息技术的能力获得提高	
学习方法	工作计划、操作技能是否符合规范要求	
	是否获得进一步发展的能力	
工作过程	遵守任务操作规程，操作过程符合任务实施管理要求	
	上课出勤情况，任务完成情况	
	能多角度主动发现问题，提出有价值的问题	
思维状态	善于提出问题、分析问题、解决问题；创新意识	
	按时按质完成任务	
自评反馈	较好地掌握专业知识点、技能点	
	具有较强的信息分析能力和理解能力	
	具有较为全面严谨的思维能力，并能条理清晰地表述成文	
任务完成中自我成功小故事描述		

说明：等级评价为 A、B、C、D、E 五级

➢ 任务完成过程收获总结

时间：　　年　　月　　日　　班级：　　姓名：　　学号：　　教师评级等级：

说明：任务完成过程收获总结主要表述在完成过程中的学习收获，要阐述清楚有益的经验和做法，字数≥300字，并制作PPT报告，教师评价等级为A、B、C、D、E五级，综合评价文本总结和PPT报告两部分内容

项目总结活动

项目总结活动主要完成展示任务完成作品、自评、总结心得、PPT 学习总结报告等。

➢ 项目完成清单

班级：　　　　姓名：　　　　学号：

<table>
<tr><th colspan="9">项目一　玉米生产机械化耕整地技术完成清单</th></tr>
<tr><td>序号</td><td>项目设计内容</td><td>是否完成</td><td>任务收获总结</td><td>是否完成</td><td>任务评价成功小故事</td><td>是否提炼出成功小故事</td><td>任务完成难点</td><td>是否解决</td></tr>
<tr><td>1</td><td></td><td></td><td></td><td></td><td></td><td></td><td></td><td></td></tr>
<tr><td>2</td><td></td><td></td><td></td><td></td><td></td><td></td><td></td><td></td></tr>
<tr><td>3</td><td></td><td></td><td></td><td></td><td></td><td></td><td></td><td></td></tr>
<tr><td>4</td><td></td><td></td><td></td><td></td><td></td><td></td><td></td><td></td></tr>
<tr><td>5</td><td></td><td></td><td></td><td></td><td></td><td></td><td></td><td></td></tr>
<tr><td>6</td><td></td><td></td><td></td><td></td><td></td><td></td><td></td><td></td></tr>
<tr><td>7</td><td></td><td></td><td></td><td></td><td></td><td></td><td></td><td></td></tr>
<tr><td>8</td><td></td><td></td><td></td><td></td><td></td><td></td><td></td><td></td></tr>
<tr><td>9</td><td></td><td></td><td></td><td></td><td></td><td></td><td></td><td></td></tr>
<tr><td>10</td><td></td><td></td><td></td><td></td><td></td><td></td><td></td><td></td></tr>
<tr><td colspan="5">学生签名：</td><td colspan="4">指导教师签名：</td></tr>
<tr><td colspan="5">项目完成情况自评：(A B C D E)</td><td colspan="4">项目完成情况教师评价(A B C D E)</td></tr>
</table>

说明：等级评价为 A、B、C、D、E 五级，在评价的等级符号上圈圆圈

注：1. 完成全部分项任务为 A；2. 完成 80%以上但未完成全部分项任务为 B；3. 完成 60%～80%分项任务为 C；4. 完成 40%～60%分项任务为 D；5. 完成 40%以下分项任务为 E。对于资源学习和疑问提出情况，指导教师依据学生表现酌情评价。

➢ 项目评价

班级：　　　　姓名：　　　　学号：

项目一　玉米生产机械化耕整地技术完成评价单			
评价内容	评价要素	能力提升自评等级	能力提升教师评价
信息检索	有效利用网络资源，工作手册查找有效信息		
	能够有条理地解释、表达所学的知识及技能		
	能将检索的信息进行有效转换		
感知工作	熟悉专业、认同职业工作价值		
	在项目完成中收获成就感		
参与状态	能够尊重教师、同学，达成相互理解		
	能够与教师、同学之间保持多向、丰富、适宜的信息交流		
	探究学习，具备一定自主学习能力，善于处理好合作学习和独立思考的关系，做到有效学习		
	能提出有意义的问题或能发表个人见解；能按要求正确实施操作；能够倾听、协作分享		
	积极参与任务，在学习与工作过程中不断学习，综合运用信息技术的能力获得提高		
学习方法	工作计划、操作技能是否符合规范要求		
	是否获得进一步发展的能力		
工作过程	遵守项目操作规程，操作过程符合项目实施管理要求		
	上课出勤情况，项目完成情况		
	能多角度主动发现问题，提出有价值的问题		
思维状态	善于提出问题、分析问题、解决问题；创新意识		
	按时按质完成项目		
自评反馈	较好地掌握专业知识点、技能点		
	具有较强的信息分析能力和理解能力		
	具有较为全面严谨的思维能力，并能条理清晰地表述成文		
请罗列出项目完成过程中自我成功的小故事			

说明：等级评价为 A、B、C、D、E 五级

➢ 项目完成过程收获总结

时间：　　年　　月　　日　　班级：　　　姓名：　　　学号：　　　教师评级等级：

说明：项目完成过程收获总结主要表述在完成过程中的学习收获，要阐述清楚有益的经验和做法，字数≥300字，并制作PPT报告，教师评价等级为A、B、C、D、E五级，综合评价文本总结和PPT报告两部分内容

项目二　玉米生产机械化播种技术

项目引入

近年来，随着农村经济的发展，农村劳动力的转移，农民生活观念和生产行为的变化，广大农民迫切要求使用先进的机械化种植技术。另一方面，随着农业科学技术的不断进步，玉米新品种、新栽培技术和新管理技术不断涌现，对玉米播种机械化技术也提出了新的要求。例如，采用玉米精(少)量播种、玉米免耕播种、玉米灭茬播种、玉米地膜覆盖播种、玉米育苗移栽等新技术，实现机械化播种，不仅可减轻劳动强度，提高工作效率，而且可以抢时间、增积温，趁墒抢种，不误农时，保证播种质量，取得玉米高产。同时，也为玉米田间管理和机械化收获创造了条件。

◆ 项目描述

新中国成立后，我国播种机从引进、仿制到自行研制，发展较快。早在20世纪60～70年代就有了玉米播种机械，由于当时农村土地是集体经营，土地相对比较集中，玉米播种机械以大型条播机为主，机具保有量和作业面积不大。到80年代初，农村实行了联产承包责任制后，由于地块较小，玉米播种机械首先从比较适应一家一户使用的单行玉米点播机(器)向与手扶拖拉机及小四轮拖拉机配套使用的二行玉米播种机发展。到了90年代初，随着玉米种植面积的增加和农场规模化生产的不断推广，农民又迫切希望实现玉米机械播种，为发展大面积玉米播种机械化技术创造了条件，使得各类玉米播种机械出现供不应求的局面。随着玉米机械化种植面积大幅度增加，玉米机械化播种技术也将向更深层次发展。

◆ 知识目标

掌握玉米播种机械使用前的准备工作；
了解各种玉米播种机的结构特点；
掌握不同播种机械的性能；
熟练调整播种机械的技术状态。

◆ 能力目标

能全面掌握玉米播种机械在实际中的应用技术；
能及时排除播种机械作业中出现的故障；
能正确安装播种机并掌握技术状态检查和调整。

◆ 项目任务

系统地掌握玉米生产机械化播种的机械分类、机械性能及其应用技术。会根据不同耕地情况和配套的拖拉机型选择相应的播种机械；使用播种机进行正常的播种作业，对播种中出现的故障能快速排除，会对播种机械进行播前状态调整和播后技术保养。

项目知识准备

玉米播种要确定以下几个方面的内容。

问题 2-0-1：玉米种植前应做好哪些准备？

问题 2-0-2：清理秸秆对玉米播种有哪些好处？

问题 2-0-3：播种设备的检修要达到什么样的技术标准？

问题 2-0-4：大田玉米的主要栽培技术模式都有哪些？

项目实施

任务一　作业前准备

一、任务引入

玉米是我国特别是东北三省的主要粮食作物。玉米播种作业的机械化，能够大大缩短播种期限，为早出苗、争积温、夺高产创造先决条件；为改善劳动者的生产条件、减轻劳动者的劳动强度，为其他行业的创收致富提供了保证。所以，玉米播种机械选购和使用已成为农机使用者和农机工作者关注的焦点问题和研究的对象。多年的实践已经证明，玉米播种质量的好坏，玉米播种出苗长势的优劣，均与使用了什么样的玉米播种机械有着极其紧密的关联。特别是近几年，出现了很多玉米栽培种植的新技术，而这些新技术的实验示范、推广无不与播种机械的使用与选择有着极大的关系。

❖ 任务描述

播种是农作物栽培的重要环节，必须适时并满足农艺要求，使作物苗齐苗壮，并获得良好的生长环境，为增产建立可靠的基础。播种机械化是农业机械化过程中最为复杂也是最为重要的工作。播种机械所面对的播种方式、作物种类、品种等变化繁多，这就需要播种机械有较强的适应性和能满足不同种植要求的工作性能。玉米生产机械化播种，尤其是播种机械的适当选择，才能使玉米高产有所保障。避免出现漏播、重播、结合垄播种不齐等现象的发生。

❖ 任务步骤分解

玉米机械化播种作业前准备的流程如图 2-1-1 所示。

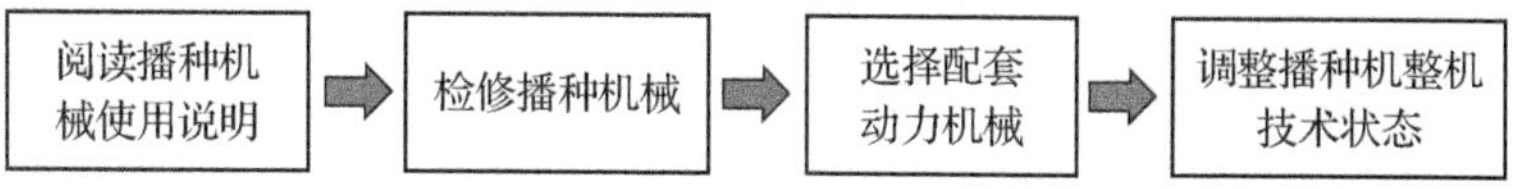

图 2-1-1　播前准备流程图

二、任务前知识准备

问题 2-1-1：阅读播种机械使用说明书有什么意义？

问题 2-1-2：播种机械使用前应做好哪些工作？

问题 2-1-3：如何根据播种机选择配套的动力机械？

问题 2-1-4：播种机使用前有哪些部件需要调整？

问题 2-1-5：玉米免耕精量播种机可一次性完成哪几项作业？

三、任务实施

❖ **步骤 1**：阅读播种机械的使用说明

播种机械使用说明书由生产厂家依照国家要求的格式及内容撰写，是对播种机械主要特征的介绍，主要包括播种机械使用时的注意要点、播种株距、播种行距、播种深度、施肥量等技术的调节方法。播种机械使用说明书是指导怎样使用播种机械的依据之一，具有法律效力。播种前正确理解说明书是安全生产的前提。掌握好播种机械的用法是安全生产的关键，播种机械的用法主要指在不同地形、不同农艺要求下能正确选择和使用播种机械。播种机械的使用说明见图 2-1-2。

图 2-1-2　播种机械使用说明书

❖ 步骤 2:检修播种机械

作业前应对播种机械进行检修和调整(以气吸式精量播种机为例)。

1. 作业前的检修

播种机械各润滑部位应及时润滑,对于注入润滑脂不顺畅的油路及时修复。拧紧所有松动的螺母、螺栓,尤其是各个 U 形卡上的螺母;检查传动链条的松紧度及磨损情况;查看风机与机架的连接是否牢固,风机皮带的张紧度是否合适。升起播种机,转动地轮,检查排肥器总成和排种器情况;消除各种卡滞现象(图 2-1-3)。

图 2-1-3 播种机械作业前检修

2. 机架高度的调整

通过转动支撑承轮调节螺杆来调节支承轮的高低,进而使机架升高或降低。机架的工作高度应以保证施肥部件的施肥深度为准。

3. 行距的调整

气吸精量播种机适应的行距范围是 650~700 mm,调整方法是:以梁架中心线为基准,左、右两边对称串动播种单体和施肥部件,同时,两组支承轮和对应的传动链轮也要做相应的串动。调整后将移动过的零部件重新紧固定位。

4. 施肥量的调整

调整时,先松开链轮紧固螺栓,再转动排肥量调节套,改变排肥槽轮工作长度。调整排肥量时,要注意各排肥舌的开度,调整后,施肥量应满足农业技术要求。

5. 施肥深度的调整

通过调整整机的离地高度来改变施肥部件的入土能力,进而达到调整施肥深度的目的,具体调整方法参见机架高度调整部分。

6. 播种深度(镇压强度)的调整

将播种单体后面的限深调节手柄固定卡簧抬起,用手转动限深手柄,使仿形镇压轮上下移动,直到深度指示针要求的播种深度为止。操作时要让所有播种单体的深度指示针都指在同一刻度,以保证各行播种深度一致性。

7. 风机皮带张紧度的调整

将皮带张紧螺栓处的锁紧螺母松开，然后将螺栓旋入，旋入长度以皮带的张紧强度是否达到要求为准，然后再将锁紧螺母拧紧。

❖ 步骤 3：选择配套动力机械

播种机匹配的拖拉机，首先需要考虑的是拖拉机的马力，马力越大的拖拉机可以配备越高效的播种机，能够提高播种效率和作业面积。一般而言，拖拉机的马力与播种机的型号和作业性能是相关的。除了马力，选择适合的播种机型号也是很重要的一点。不同类型的播种机适合不同的作业场地，例如平地、山地等。播种机的型号不仅与播种作业的效率有关，还与播种的作物种类有关。选择适合的播种机型号能够提高播种的效率和作业质量。在选择拖拉机播种机时，还需要考虑作业范围的大小。如果作业范围较小，则可以选择一些小型的播种机，若作业范围较大，则需要选择大型的播种机以提高生产效率。最后，需要注意播种机与拖拉机的匹配度。如果播种机与拖拉机的匹配度不好，则可能会影响作业效率。因此，在选择拖拉机播种机时，应该选择那些品牌和型号相匹配的机器，以提高作业的效率和质量。总之，在选择拖拉机、播种机时，要从马力、播种机型号、作业范围以及播种机与拖拉机的匹配度等多方面因素考虑，以选择适合自己的机器，从而提高作业效率和质量。

以黑龙江地区平整土地为例，2～4 行精量播种机适用于小型农田，一般配套 50 马力(1 马力=0.735 kW)拖拉机即可作业，播种效率较高，可以实现大面积快速播种，但对土壤的要求较高，不适用于荒地和石地等土地类型。4～8 行精量播种机适用于小、中型农田，一般配套 120 马力拖拉机即可作业，播种效率较高，可以实现大面积快速播种。8～12 行普通播种机适用于中型农田，播种效率较高，可以满足较高的播种要求，但对拖拉机的匹配性要求较高，需要有足够的马力和转速，一般配套 180 马力拖拉机进行作业。16～24 行精量播种机适用于大型农田，播种效率非常高，可以满足大面积高效的播种要求，但对拖拉机的配置和操作要求较高，需要有专业的操作人员和技术支持，一般需要 230 马力以上拖拉机牵引作业(图 2-1-4)。

图 2-1-4　拖拉机播种作业

❖ 步骤 4：调整播种机整机技术状态

在播种机作业前，需要对播种机进行全面的清洁和技术状态的调整。需要仔细检查播种机的各个部位，特别是播种盘、排种器和排种器压力等部件，确保它们没有损坏或松动。提前调整好播种机的技术状态，避免在作业时发生机械故障影响正常播种的农事活动。

调整播种机技术状态，应在每季作物播种前一周进行（我国幅员辽阔，因区域不同时间会有差异）调整播种机的排种器和播种盘。排种器调整的目的是控制种子的排放量和排放间距，以确保播种的密度和均匀度。播种盘调整的目的是确保种子能够顺利进入排种器，不会卡住或堵塞。调整排种器和播种盘需要根据播种机的型号和种子的特性进行，通常需要根据播种机的说明书进行操作。然后，调整播种机的行进速度和深度。行进速度的调整是为了保持播种机的稳定性和作业效果，过快或过慢的行进速度都会影响播种的效果。播种机的深度调整则需要根据播种作物的要求和土壤的条件来确定，以确保种子能够达到适宜的深度，有利于发芽和生长。根据播种作物的要求和土壤的条件，调整播种机的施肥器和喷洒器。施肥器的调整是为了确保播种作物在播种的同时能够得到适量的肥料，促进生长和发育。喷洒器的调整则是为了在播种的同时进行必要的农药喷洒，防治病虫害，提高作物的产量和质量。

四、任务总结评价

➢ 任务完成清单

班级：　　　　姓名：　　　　学号：

任务一　作业前准备任务完成清单								
序号	玉米播种作业前准备	是否完成	完成日期	资源学习（资源序号）	是否完成	完成日期	是否存在疑问	是否解决
1								
2								
3								
4								
5								
6								
7								
8								
9								
10								
11								
12								
13								
14								
15								
学生签名：					指导教师签名：			
任务完成情况自评：（ A B C D E ）					任务完成情况教师评价（ A B C D E ）			

说明：等级评价为 A、B、C、D、E 五级，在评价的等级符号上圈圆圈

注：1. 完成全部分项任务为 A；2. 完成 80%以上但未完成全部分项任务为 B；3. 完成 60%～80%分项任务为 C；4. 完成 40%～60%分项任务为 D；5. 完成 40%以下分项任务为 E。对于资源学习和疑问提出情况，指导教师依据学生表现酌情评价。

➢ 任务评价

班级：　　　　姓名：　　　　学号：

任务一　作业前准备任务完成评价单		
评价内容	评价要素	等级评价
信息检索	有效利用网络资源，工作手册查找有效信息	
	能够有条理地解释、表达所学的知识及技能	
	能将检索的信息进行有效转换	
感知工作	熟悉专业、认同职业工作价值	
	在任务完成中收获成就感	
参与状态	能够尊重教师、同学，达成相互理解	
	能够与教师、同学之间保持多向、丰富、适宜的信息交流	
	探究学习，具备一定自主学习能力，善于处理好合作学习和独立思考的关系，做到有效学习	
	能提出有意义的问题或能发表个人见解；能按要求正确实施操作；能够倾听、协作分享	
	积极参与任务，在学习与工作过程中不断学习，综合运用信息技术的能力获得提高	
学习方法	工作计划、操作技能是否符合规范要求	
	是否获得进一步发展的能力	
工作过程	遵守任务操作规程，操作过程符合任务实施管理要求	
	上课出勤情况，任务完成情况	
	能多角度主动发现问题，提出有价值的问题	
思维状态	善于提出问题、分析问题、解决问题；创新意识	
	按时按质完成任务	
自评反馈	较好地掌握专业知识点、技能点	
	具有较强的信息分析能力和理解能力	
	具有较为全面严谨的思维能力，并能条理清晰地表述成文	
任务完成中自我成功小故事描述		

说明：等级评价为 A、B、C、D、E 五级

➢ 任务完成过程收获总结

时间：　　年　　月　　日　　班级：　　姓名：　　学号：　　教师评级等级：

说明：任务完成过程收获总结主要表述在完成过程中的学习收获，要阐述清楚有益的经验和做法，字数≥300字，并制作PPT报告，教师评价等级为A、B、C、D、E五级，综合评价文本总结和PPT报告两部分内容

任务二　播种作业

一、任务引入

农作物生长季节性很强，必须按照农业技术要求适时播种，才能保证苗全苗壮，生长良好，为增产增收建立可靠的基础。机械播种较人工手播更加均匀准确、深浅一致、进度快，是农田作业机械化的重要环节。玉米机械播种能够有效控制播种深度和精度，播种作业效率高，且幼苗出土整齐，便于管理。

❖ 任务描述

玉米机械化播种要有科学的应用，尤其是合理选择运用播种机械，才能使玉米苗强、苗壮、高产有所保障。为避免缺苗断苗等现象的发生，需要在整地后和播种前，根据耕地和农艺要求选择恰当的播种方式和适用的播种机械。播种机械应满足以下要求。

①播量符合要求且准确，排种、排肥均匀稳定，穴距及每穴数粒均匀。

②播深符合要求且均匀一致，种子应播在湿土上，用湿土覆盖，无露籽现象，覆土均匀。干旱地区播种后应同时镇压，以利保墒。

③播行直行距一致，地头整齐，不重不漏。

❖ 任务步骤分解

玉米机械化播种作业流程如图 2-2-1 所示。

图 2-2-1　玉米机械化播种作业流程

二、任务前知识准备

问题 2-2-1：玉米机械化播种方式有几种？

问题 2-2-2：常用玉米播种机械有哪几种？各有什么特点？

问题 2-2-3：气吸式玉米精量播种机主要由哪些结构组成？

问题 2-2-4：气吸式排种器的工作原理是什么？

问题 2-2-5：电动气吸式玉米播种机与传统播种机主要区别在哪里？

三、任务实施

❖ 步骤 1：选择玉米播种方式

1. 撒播

将种子漫撒于田间地表，然后对种子进行覆盖和压实。此法粗放而简单，种子分布不均，浪费种子，且覆土深度不一，但生产率高，适用于飞机撒播（图 2-2-2）。

2. 条播

将种子按一定行距，连续均匀成条地播在种沟，然后进行覆土镇压（图 2-2-3）。此法是常用的一种播种方式，种子分布均匀，覆土深度一致，出苗整齐。

图 2-2-2　无人机撒播作业

图 2-2-3　条播机作业

3. 穴播

穴播又称点播，是将种子按一定行距和株距播在土中，种子成穴分布（图 2-2-4）。此法种子分布均匀、准确、省种，可减少间苗工作量。

4. 精密播种

按精确的粒数、间距与播深，将种子播入土中。精密播种可以是单粒种子按精确的粒距播成条行称为单粒精播；也可将多于一粒的种子播成一穴，要求每穴粒数相等。精密播种可节省种子，减少间苗工作量，但要求种子有较高的田间出苗率并预防病虫害，以保证单位面积内有足够的植株数。常见精密播种机如图 2-2-5 所示。

图 2-2-4　玉米覆膜穴播机

图 2-2-5　精密播种机

5. 覆膜播种

播种时在种床表面铺上塑料薄膜，种子出苗后，幼苗长在膜外。这种方式可以是先播下种子，随后覆膜，待幼苗出土后再由人工破膜放苗；也可以是先覆膜随即在膜上打孔下种(图 2-2-6)。

图 2-2-6　覆膜播种

❖ **步骤 2**：调整排种量和排肥量

(1)排种量的调整

排种量的调整必须按规定的公顷排种量，在播种前按农艺要求进行调整。以免耕施肥播种机为例，排种器大多是外槽轮式。排种量的调整方法：一种是大范围地调整排种量，即通过更换传动齿轮的大小，改变传动比来实现。另一种是小范围地调整，在选好传动比的情况下，通过调整排种槽轮的长度使播量达到要求。排种量一致性的调整：播种机播种时，每行的排种量必须一致，因此，投入使用前的播种机必须进行排种量一致性的调整。方法如下：将播种机支起垫平，选好适宜的传动比及排种轮工作长度，在种箱内加入种子，转动传动装置使排种器充满种子，清除排出的种子，装上接种袋，并以 20～30 r/min 的转速匀速转动 30 圈。称量每个排种器的实际排种量，称量精度为 0.5 g。计算出每个排种器排种量的平均值，比较各排种器实际排量与平均值的偏差，不得小于平均值的 2%，不得大于平均值的 3%。若超标，则应调整单个排种槽轮的工作长度。步骤是：松开排种器两侧的卡箍，轻轻移动槽轮及阻塞套，调到所需位置再将卡箍紧固，然后再做检验，直到符合要求为止。

(2)排肥量的调整

播种机的肥料出口大小调节取决于播种机的类型和品牌。一般来说，调节播种机肥料出口大小需要按照以下步骤进行。①熟悉播种机说明书：认真阅读播种机的说明书，了解其肥料调节仪器的位置和操作方法。②根据肥料种类调节大小：不同种类的肥料特性不同，因此需要了解每种肥料的特性来调节出口大小。③根据播种深度调节大小：播种机的肥料出口大小还受播种深度的影响，需要根据播种深度来调整肥料出口的大小。播种深度越浅，肥料出口应该越小，播种深度越深，肥料出口应该越大。④调节地形和速度：播种机的肥料出口大小还受到地形和播种速度的影响。坡度较大的地形需要肥料出口较小的播种机，速度较快的播种作业需要肥料出口较大的播种机。

❖ 步骤 3:试播验证

(1)播种机与拖拉机挂接后,不得倾斜,工作时应使机架前后呈水平状态。正式播种前,先在地头试播 10～20 m,观察播种机的工作情况,达到农艺要求后再正式播种。首先横播地头,以免将地头轧硬,造成播深太浅。播种时经常观察排种器、开沟器、笼罩器以及传动机构的工作情况,如产生堵塞、沾土、缠草、种子笼罩不严,及时予以排除。播种机工作时,禁止倒退或急转弯,播种机的提升或降落应缓慢进行,以免损坏机件。作业时种子箱内的种子不得少于种子箱容积的 1/5;运输或转移地块时,种子箱内不得装有种子,更不可压装其他重物。调整、修理、润滑或清除缠草等工作,必须在停车后进行。

(2)驾驶操作技术:正式开始播种作业前,要对播种机状态做全面检查和调整,根据播种的农艺要求检查开沟器间距、播种深度等参数是否合理,机具前后、左右方向的水平状态是否良好,确认机具状态正常后可将种子和肥料分别装入种子箱和肥料箱,并确保种子覆盖排种盒的入口。检查与调整完成后可进行试播种作业,驾驶员要密切关注播种机运转的状态。试播完成后对试播范围出现的播种质量问题和机具运转问题进行进一步调整,确保播种机正常运转,且播种量、播种速度、种子间距、镇压质量、作业直线度等符合标准要求(图 2-2-7)。

图 2-2-7　验证播种作业质量

❖ 步骤 4:播种作业

正式播种作业时,驾驶员在起步后要先缓慢行驶并将播种机下落到标准位置,再逐渐将速度提升到规定的播种速度。在正常播种行驶过程中要保证速度均匀,行驶直线度要满足农艺要求,不可出现速度过快或过慢,也不能忽快忽慢,以保证播种的均匀性和统一性。在作业过程需要转弯或调头时,应先将播种机升起后再操作,以防开沟器堵塞或损坏。同时要严格禁止在播种作业的过程中倒车,以免造成开沟器和排种器等重要结构的损坏。在播种作业的过程中还要密切注意播种机的运转状态,如发现运转异常必须及时处理,以防故障问题加剧。每次播种作业完成后,要对播种机进行细致的清理,清除机具上的泥土和杂物,并将种子箱和肥料箱排净,对种子箱和肥料箱进行清理。做好重要部位的检查工作,查看螺栓、开口销、插销等有无缺失,并检查播种机的运转部位是否缺油,及时补充润滑油和润滑脂。检查开沟器的各个刀刃有无损坏问题,对于损坏或磨损严重的开沟器要及时进行更换(图 2-2-8)。

图 2-2-8　玉米播种作业

四、任务总结评价

➤ 任务完成清单

班级：　　　　姓名：　　　　学号：

任务二　播种作业任务完成清单								
序号	玉米播种作业	是否完成	完成日期	资源学习（资源序号）	是否完成	完成日期	是否存在疑问	是否解决
1								
2								
3								
4								
5								
6								
7								
8								
9								
10								
11								
12								
13								
14								
15								
学生签名：				指导教师签名：				
任务完成情况自评：（ A B C D E ）				任务完成情况教师评价（ A B C D E ）				

说明：等级评价为 A、B、C、D、E 五级，在评价的等级符号上圈圆圈

注：1. 完成全部分项任务为 A；2. 完成 80%以上但未完成全部分项任务为 B；3. 完成 60%～80%分项任务为 C；4. 完成 40%～60%分项任务为 D；5. 完成 40%以下分项任务为 E。对于资源学习和疑问提出情况，指导教师依据学生表现酌情评价。

➢ 任务评价

班级：　　　　姓名：　　　　学号：

任务二　播种作业任务完成评价单		
评价内容	评价要素	等级评价
信息检索	有效利用网络资源，工作手册查找有效信息	
	能够有条理地解释、表达所学的知识及技能	
	能将检索的信息进行有效转换	
感知工作	熟悉专业、认同职业工作价值	
	在任务完成中收获成就感	
参与状态	能够尊重教师、同学，达成相互理解	
	能够与教师、同学之间保持多向、丰富、适宜的信息交流	
	探究学习，具备一定自主学习能力，善于处理好合作学习和独立思考的关系，做到有效学习	
	能提出有意义的问题或能发表个人见解；能按要求正确实施操作；能够倾听、协作分享	
	积极参与任务，在学习与工作过程中不断学习，综合运用信息技术的能力获得提高	
学习方法	工作计划、操作技能是否符合规范要求	
	是否获得进一步发展的能力	
工作过程	遵守任务操作规程，操作过程符合任务实施管理要求	
	上课出勤情况，任务完成情况	
	能多角度主动发现问题，提出有价值的问题	
思维状态	善于提出问题、分析问题、解决问题；创新意识	
	按时按质完成任务	
自评反馈	较好地掌握专业知识点、技能点	
	具有较强的信息分析能力和理解能力	
	具有较为全面严谨的思维能力，并能条理清晰地表述成文	
任务完成中自我成功小故事描述		

说明：等级评价为 A、B、C、D、E 五级

➢ 任务完成过程收获总结

时间：　　年　　月　　日　　班级：　　　姓名：　　　学号：　　　教师评级等级：

说明：任务完成过程收获总结主要表述在完成过程中的学习收获，要阐述清楚有益的经验和做法，字数≥300字，并制作PPT报告，教师评价等级为A、B、C、D、E五级，综合评价文本总结和PPT报告两部分内容

任务三　作业后保养封存

一、任务引入

播种机械的运用加快了现代农业的发展，但在作业季结束后如何正确地保养封存播种机械也很重要。农田上随处可见播种机的身影，但是播种作业后，很多播种机随意放置，导致很多农机的损坏，给农户们造成严重损失。选择良好的封存保养方法不仅可以提高播种机的使用寿命，而且在下一次作业时能更好地为农户提供服务，节省机具维修的支出。

❖ 任务描述

玉米播种机械的封存保养主要注意三个方面。①作业结束后机具的卫生清理工作要彻底，避免由于长期存放时，机具内剩余的化肥、油污、泥土等杂物对播种机零部件和漆面的腐蚀。②播种机械作业后的维修保养工作要及时，例如一些轴承、链条、齿轮等易损件在封存前也要进行维修和保养，所有需要润滑的点位要逐一润滑防止生锈导致机械故障。③选择合适的场地存放播种机械，避免自然环境对播种机械的损伤。阳光暴晒、雨水淋、风蚀都会对播种机械造成损伤。

❖ 任务步骤分解

玉米播种机械作业结束后保养封存流程如图 2-3-1 所示。

图 2-3-1　作业后保养封存流程

二、任务前知识准备

问题 2-3-1：玉米播种机械作业后应重点清理哪些部位？

问题 2-3-2：玉米播种机械作业后需要保养哪些零部件？

问题 2-3-3：什么样的场地适合播种机械长期封存？

问题 2-3-4：播种机土壤工作部件应该如何保养封存？

三、任务实施

❖ 步骤 1：机具作业后清理

每班作业结束后，应清除各工作部件上的泥土、秸秆等杂物；对损坏或磨损后不能继续使用的零部件要进行修理或更换。各润滑部位应拆开清理，再涂上黄油。对土壤工作部件，如施肥圆盘、开沟圆盘、覆土圆盘，应擦净并涂机油，以防锈蚀。种肥箱内的种肥必须清除干净，对肥箱和排肥器要用水冲洗，然后擦干。拆洗输肥管，冲洗干净后放入肥箱内。放松压力弹簧，使之处于自由状态。

❖ **步骤 2**：机具封存前保养

播种机械在封存前要进行彻底保养，润滑部位应及时润滑。①拧紧所有松动的螺母、螺钉，尤其是各个 U 形卡丝上的螺母；检查传动链条的松紧度及磨损情况；查看风机与机架的连接是否牢固，风机皮带的张紧度是否合适。②升起播种机，转动地轮，检查排肥器总成和排种器情况；消除各种卡滞现象。③运输时，整机应升到最高位置，划印器要竖起。如远距离运输，可将犁铧倒装在犁铧柄库内，用紧钉拧紧，并将中央拉杆调到最短尺寸，以便得到较高的运输间隙。④作业结束后，要进行全面的技术状态检查，更换或修复磨损的、变形的零部件；检查各轴承的磨损情况，检查链条的磨损和链轮的转动情况，必要时予以调整或更换。⑤将排种盘、风机皮带、监控系统拆除放在干燥阴凉处保存。

❖ **步骤 3**：选择封存场地封存

(1)播种机的存放方式

①室内存放：将播种机放入存放室内，避免日晒雨淋，可以延长播种机的使用寿命。但是要保证通风良好，防止潮湿。

②露天存放：如果室内空间有限，也可以将播种机放在室外，但一定要选择一个干燥通风的位置。选用遮阳罩将播种机遮盖好，保护播种机不受树枝等杂物的磨损。

③覆盖存放：将播种机放置在防水布罩下，可以有效地避免阳光、雨、雪等天气的影响，延长播种机的使用寿命。但是要注意避免长时间暴露在高温环境下，否则会影响播种机的精度和灵敏度。

(2)播种机存放的注意事项

①保持播种机的干燥：播种机不允许浸泡在水中或长时间暴露在湿润环境中，否则很容易造成损坏。要记得在雨天及时收拢遮盖罩，保证播种机的干燥。

②定期润滑：由于播种机是利用机械结构完成作业的，定期润滑是必不可少的。根据播种机的具体情况选用适当的润滑油进行润滑处理。

③保存完好的零配件：播种机的零配件在长期使用过程中经常会发生磨损或者损坏，特别是使用较为频繁的零件。因此，在存放播种机之前最好将配件好好地保存起来。

④保持播种机整洁：播种机长时间存放，容易引起积尘或者杂物的堆积，应确保播种机整洁，并定期清洗。当机具干燥时，可以用干布擦拭内部。

总的来说，存放播种机主要是为了延长设备的使用寿命，要合理地选择存放方式，并严格按照要求进行妥善的保养和保管，以保证设备的正常运转。

四、任务总结评价

➤ 任务完成清单

班级：　　　　姓名：　　　　学号：

<table>
<tr><th colspan="9">任务三　作业后保养封存任务完成清单</th></tr>
<tr><td>序号</td><td>播种作业后保养封存</td><td>是否完成</td><td>完成日期</td><td>资源学习（资源序号）</td><td>是否完成</td><td>完成日期</td><td>是否存在疑问</td><td>是否解决</td></tr>
<tr><td>1</td><td></td><td></td><td></td><td></td><td></td><td></td><td></td><td></td></tr>
<tr><td>2</td><td></td><td></td><td></td><td></td><td></td><td></td><td></td><td></td></tr>
<tr><td>3</td><td></td><td></td><td></td><td></td><td></td><td></td><td></td><td></td></tr>
<tr><td>4</td><td></td><td></td><td></td><td></td><td></td><td></td><td></td><td></td></tr>
<tr><td>5</td><td></td><td></td><td></td><td></td><td></td><td></td><td></td><td></td></tr>
<tr><td>6</td><td></td><td></td><td></td><td></td><td></td><td></td><td></td><td></td></tr>
<tr><td>7</td><td></td><td></td><td></td><td></td><td></td><td></td><td></td><td></td></tr>
<tr><td>8</td><td></td><td></td><td></td><td></td><td></td><td></td><td></td><td></td></tr>
<tr><td>9</td><td></td><td></td><td></td><td></td><td></td><td></td><td></td><td></td></tr>
<tr><td>10</td><td></td><td></td><td></td><td></td><td></td><td></td><td></td><td></td></tr>
<tr><td>11</td><td></td><td></td><td></td><td></td><td></td><td></td><td></td><td></td></tr>
<tr><td>12</td><td></td><td></td><td></td><td></td><td></td><td></td><td></td><td></td></tr>
<tr><td>13</td><td></td><td></td><td></td><td></td><td></td><td></td><td></td><td></td></tr>
<tr><td>14</td><td></td><td></td><td></td><td></td><td></td><td></td><td></td><td></td></tr>
<tr><td>15</td><td></td><td></td><td></td><td></td><td></td><td></td><td></td><td></td></tr>
<tr><td colspan="5">学生签名：</td><td colspan="4">指导教师签名：</td></tr>
<tr><td colspan="5">任务完成情况自评：（ A B C D E ）</td><td colspan="4">任务完成情况教师评价（ A B C D E ）</td></tr>
</table>

说明：等级评价为A、B、C、D、E五级，在评价的等级符号上圈圆圈

注：1. 完成全部分项任务为A；2. 完成80%以上但未完成全部分项任务为B；3. 完成60%～80%分项任务为C；4. 完成40%～60%分项任务为D；5. 完成40%以下分项任务为E。对于资源学习和疑问提出情况，指导教师依据学生表现酌情评价。

➢ 任务评价

班级：　　　　　姓名：　　　　　学号：

任务三　作业后保养封存任务完成评价单		
评价内容	评价要素	等级评价
信息检索	有效利用网络资源，工作手册查找有效信息	
	能够有条理地解释、表达所学的知识及技能	
	能将检索的信息进行有效转换	
感知工作	熟悉专业、认同职业工作价值	
	在任务完成中收获成就感	
参与状态	能够尊重教师、同学，达成相互理解	
	能够与教师、同学之间保持多向、丰富、适宜的信息交流	
	探究学习，具备一定自主学习能力，善于处理好合作学习和独立思考的关系，做到有效学习	
	能提出有意义的问题或能发表个人见解；能按要求正确实施操作；能够倾听、协作分享	
	积极参与任务，在学习与工作过程中不断学习，综合运用信息技术的能力获得提高	
学习方法	工作计划、操作技能是否符合规范要求	
	是否获得进一步发展的能力	
工作过程	遵守任务操作规程，操作过程符合任务实施管理要求	
	上课出勤情况，任务完成情况	
	能多角度主动发现问题，提出有价值的问题	
思维状态	善于提出问题、分析问题、解决问题；创新意识	
	按时按质完成任务	
自评反馈	较好地掌握专业知识点、技能点	
	具有较强的信息分析能力和理解能力	
	具有较为全面严谨的思维能力，并能条理清晰地表述成文	
任务完成中自我成功小故事描述		

说明：等级评价为 A、B、C、D、E 五级

➢ 任务完成过程收获总结

时间：　　年　　月　　日　　班级：　　姓名：　　学号：　　教师评级等级：

说明：任务完成过程收获总结主要表述在完成过程中的学习收获，要阐述清楚有益的经验和做法，字数≥300字，并制作PPT报告，教师评价等级为A、B、C、D、E五级，综合评价文本总结和PPT报告两部分内容

项目总结活动

项目总结活动主要完成展示任务完成作品、自评、总结心得、PPT 学习总结报告等。

➤ 项目完成清单

班级：　　　　　姓名：　　　　　学号：

项目二　玉米生产机械化播种技术完成清单								
序号	项目设计内容	是否完成	任务收获总结	是否完成	任务评价成功小故事	是否提炼出成功小故事	任务完成难点	是否解决
1								
2								
3								
4								
5								
6								
7								
8								
9								
10								
学生签名：					指导教师签名：			
任务完成情况自评：(　A　B　C　D　E　)					任务完成情况教师评价(　A　B　C　D　E　)			

说明：等级评价为 A、B、C、D、E 五级，在评价的等级符号上圈圆圈

注：1. 完成全部分项任务为 A；2. 完成 80%以上但未完成全部分项任务为 B；3. 完成 60%～80%分项任务为 C；4. 完成 40%～60%分项任务为 D；5. 完成 40%以下分项任务为 E。对于资源学习和疑问提出情况，指导教师依据学生表现酌情评价。

➢ 项目评价

班级：　　　　姓名：　　　　学号：

项目二　玉米生产机械化播种技术项目完成评价单			
评价内容	评价要素	能力提升 自评等级	能力提升 教师评价
信息检索	有效利用网络资源，工作手册查找有效信息		
	能够有条理地解释、表达所学的知识及技能		
	能将检索的信息进行有效转换		
感知工作	熟悉专业、认同职业工作价值		
	在项目完成中收获成就感		
参与状态	能够尊重教师、同学，达成相互理解		
	能够与教师、同学之间保持多向、丰富、适宜的信息交流		
	探究学习，具备一定自主学习能力，善于处理好合作学习和独立思考的关系，做到有效学习		
	能提出有意义的问题或能发表个人见解；能按要求正确实施操作；能够倾听、协作分享		
	积极参与任务，在学习与工作过程中不断学习，综合运用信息技术的能力获得提高		
学习方法	工作计划、操作技能是否符合规范要求		
	是否获得进一步发展的能力		
工作过程	遵守项目操作规程，操作过程符合项目实施管理要求		
	上课出勤情况，项目完成情况		
	能多角度主动发现问题，提出有价值的问题		
思维状态	善于提出问题、分析问题、解决问题；创新意识		
	按时按质完成项目		
自评反馈	较好地掌握专业知识点、技能点		
	具有较强的信息分析能力和理解能力		
	具有较为全面严谨的思维能力，并能条理清晰地表述成文		
请罗列出项目完成过程中自我成功的小故事			

说明：等级评价为 A、B、C、D、E 五级

➢ 项目完成过程收获总结

时间：　　　年　　　月　　　日　　　班级：　　　　　姓名：　　　　学号：　　　　教师评级等级：

说明：任务完成过程收获总结主要表述在完成过程中的学习收获，要阐述清楚有益的经验和做法，字数≥300 字，并制作 PPT 报告，教师评价等级为 A、B、C、D、E 五级，综合评价文本总结和 PPT 报告两部分内容

项目三　玉米生产机械化田间管理技术

项目引入

俗话说:“三分种,七分管,十成收成才保险。”种是基础,管是关键,可见田间管理在玉米生产中的重要性。玉米从种到收,经历大致三个时期:苗期、穗期、花粒期。在此期间做好田间管理,是玉米丰收的坚实基础。

玉米田间管理包括间苗、补苗、田间中耕、追肥、除草、行间深松、施药防治病虫草害、灌溉、排涝等作业环节,既可单独进行,也可联合作业。

20 世纪 80 年代前,东北平原地区的玉米中耕作业是玉米田间管理的主要作业环节,实行三铲三蹚的中耕作业制度,作业深度 3～18 cm。三铲作业使用的是人力弯钩锄,三蹚作业 90％以上使用畜力式弯钩犁,当时 6 行中耕机使用得非常少。田间追肥主要用液体(氨水)追肥机,随着化肥的普及应用,使用传统追施工具进行化肥追施作业。由于玉米生长期间机械进地困难,机动追肥机械很少应用。80 年代后至 20 世纪末,由于家庭联产承包责任制的实施,东北平原地区大量买进 8.8 kW 的四轮拖拉机,随之各县农机企业大规模生产 2～3 铧中耕机,由四轮拖拉机悬挂 3 铧犁取代了畜力式弯钩犁进行玉米田间中耕作业,当时除草还是靠人力弯钩锄解决;灌溉一般由人挑肩抬作业,条件较好的地方用畜力水车,后来逐步采用小型抽水机从水源抽水,大都实行田间自流灌溉,为节省用水,许多农民采用软管输水并手持软管在田间喷洒,这种方式在我国北方旱地尤其多见应用。进入 21 世纪,由于除草剂的大面积推广应用,在玉米播种后,由四轮拖拉机悬挂小型喷杆式喷雾机即时喷施除草剂,基本代替了人力弯钩锄的除草作业。随着集约化玉米生产方式的推广,大型的喷杆喷药机、高地隙喷药机、无人植保机越来越占据主导地位;田间深松作业、指针喷灌、卷盘喷灌、机器人除草也逐渐在田间管理领域里发挥重要作用。

目前,我国玉米生产中田间管理的大部分作业环节已基本实现了机械化,尚有间苗、补苗结合锄草等环节仍由人工操作。

◆ 项目描述

玉米机械化田间管理技术是指播种后至收获前使用农业机械设备的田间管理方法。东北平原春玉米区机械化田间管理主要环节包括:机械化中耕—机械化苗期深松—机械化施肥—机械化灌溉—机械化病虫草害防治。玉米种植田间管理的农艺流程为:(玉米播种后)喷施除草剂(封闭药)—定苗(人工播种)—苗期灌溉(灌)—苗期深松—除草(铲镗)—追肥—12 叶期封垄—病虫害防治—灌浆期施肥—干旱期灌溉—有条件的全程滴灌。

◆ 知识目标

掌握玉米田间管理机械的分类；
了解各种玉米田间管理机械的结构特点；
掌握不同田间管理机械的性能；
熟知玉米生产田间管理机械的使用、维修与保养。

◆ 能力目标

能合理运用高地隙喷药机在玉米田间作业；
会根据农艺要求和机械性能调整化学药剂浓度和使用量；
能正确应用苗间深松、除草机械；
会合理运用喷灌机械；
能正确运用中耕施肥机械。

◆ 项目任务

通过对不同田间管理机械按农艺要求的理论应用，全面掌握玉米全程机械化生产中田间管理的作业技术；通过对苗间深松、田间除草和喷药、灌溉等农艺过程与对应机具的实际运用，系统地掌握不同田间管理机械的作业原理、应用环境及现实作用；同时详知不同田间管理作业机型选定、机具技术状态调整、作业路径选择等田间管理前期工作以及作业后的机具机车保养、入库封存等技术规程，系统地掌握玉米生产田间管理机械分类、机械性能及其应用技术。

项目知识准备

问题 3-0-1：玉米生产田间管理机械如何分类？

问题 3-0-2：不同田间管理机械的作用是什么？

问题 3-0-3：不同田间管理机械如何应用？

问题 3-0-4：田间管理机械如何检修、调整？

问题 3-0-5：田间管理机械如何保养、封存？

项目实施

任务一　田间机械化喷药作业

(一)任务引入

新中国成立初期,玉米田间管理手段比较落后,农药使用较少,施药机械主要是手摇背负式喷雾器和手摇背负式喷粉器,用于喷施液态农药和粉状农药。20 世纪 60 年代以后开始使用担架式机动喷雾机,80 年代后多种型式的植保机械被广泛应用,以东方红-18 为代表机型的机动弥雾喷粉机被大量应用,不同型号的牵引式吊杆喷雾机在部分地区示范推广。

在 21 世纪以来,随着智能科技的发展,无人机施洒技术逐渐发展起来,叶面肥的施洒快速向无人机方向发展,农药的施用机械也更是越来越多地被无人机取替。

❖ 任务描述

玉米生产要有科学的管理,尤其是除杂草和防病杀虫,才能使玉米高产有所保障。为避免出苗后杂草伴生,需苗前喷施封闭药剂。在下种后,均匀地表喷雾,加以预防,若田间已长有杂草,可在用于封闭的药液中,加入触杀灭生性除草剂,草铵膦或草甘膦,杀死已有杂草。喷施封闭药时一定要掌握好时间、天气和药量,以免产生药害。

❖ 任务步骤分解

田间喷药作业的流程如图 3-1-1 所示。

图 3-1-1　田间喷药作业流程图

(二)任务前知识准备

问题 3-1-1:玉米种植田间施药机械主要有几种?

问题 3-1-2:玉米种植田间施药的时间有几段?

问题 3-1-3:喷杆喷药机如何使用和调整?

问题 3-1-4:喷杆喷药机如何保养和封存?

问题 3-1-5:高地隙喷药机如何使用和调整?

问题 3-1-6:高地隙喷药机如何保养和封存?

问题 3-1-7:无人植保飞机的作业原理是什么?

问题 3-1-8:无人植保飞机的安全使用注意事项有哪些?

(三)任务实施

❖ **步骤 1:**阅读农药使用说明

农药使用说明书(图 3-1-2)由生产厂家依照国家要求的格式及内容撰写,是对农药主要特征的介绍,包括农药的安全性和有效性等重要科学数据、结论及其他相关信息。在农药使用前要认真阅读农药使用说明书或请教植保技术人员,明确使用方法和使用范围。在农药的使用过程中,说明书指导人们正确保存、调配和使用农药,是指导使用者安全用药的重要依据。药品说明书是指导怎样使用药物的依据之一,具有法律效力。用药前正确理解说明书是安全用药的前提。掌握好农药的用法用量是关键,药物的用法主要指喷施的时间、药物的用量,应根据防、治等的不同目的来进行调节。

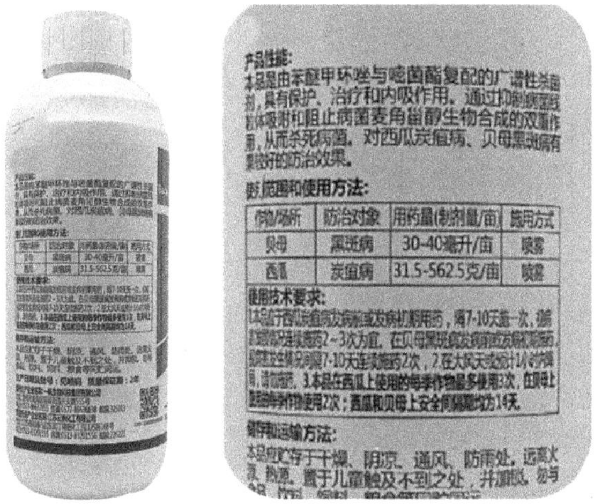

图 3-1-2　农药使用说明书

❖ **步骤 2:**检查调整喷药机技术状态(以德沃喷药机为例)

(1)悬挂式喷药机械与拖拉机挂接

将拖拉机开到便于机器挂接的位置,将拖拉机先挂装置的三个悬挂点与机器相对应的悬销连起来,并将悬挂销锁定。调整中心拉杆长短,将整机升至工作位置时,使机器立柱与地面垂直,如图 3-1-3 所示。根据需要确定拖拉机是否加前配重铁。(自走式喷药机无此操作)

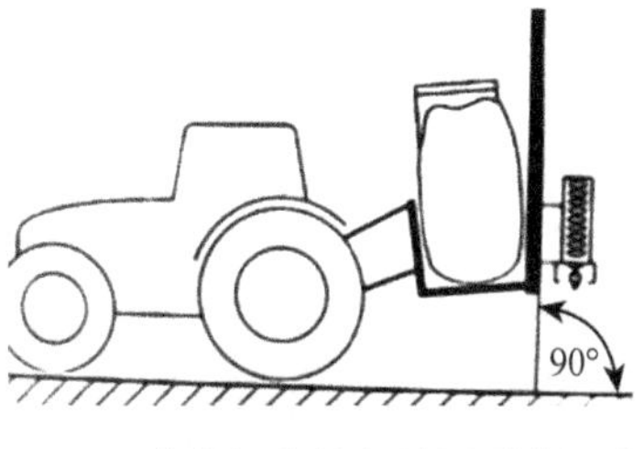

图 3-1-3　喷药机立柱与地面垂直示意图

(2)液压管路与拖拉机的连接

悬挂式喷药机械需要液压管路连接,连接液压管路时要十分小心,应把拖拉机的液压系统减压。当液压系统在高温下工作时,小心被烫伤。连接液压管时,合理安排液压供油管路,避免其接错接反。其程序是:先将液压管路从机器的固定处取出,然后把液压管路输入端与输出端的快换接头与拖拉机的液压输出对应相接,喷杆升、降接对应一路;喷杆伸展、折叠对应一路。最后启动拖拉机,慢慢操作液压分配器操纵杆,判断油路连接是否正确,待正确后记清喷杆的升、降、伸展、折叠操作,防止作业中因误操作而损害机器及伤人。(自走式喷药机无此操作)

(3)液泵与拖拉机的连接

将传动轴分别与液泵和拖拉机的后动力输出轴连接,并用销轴锁定,并且将拖拉机后输出轴转速调整为 540 r/min。连接时应特别注意两者之间的最短距离,传动轴长时可将液泵后移或截断传动轴,并保持传动轴内外套管留有一定的不重合量,防止顶坏液压泵。安装传动轴时应注意两端十字轴位置的一致性。将防护罩上的链子固定在机架上,防止防护罩随意随轴转动。(自走式喷药机无此操作)

(4)作业前的基本检查

首先检查所有连接部位的螺栓有无松动,如有则必须拧紧;其次检查机器的润滑情况,向传动轴及各运动部位加注足量润滑油、润滑脂。再次检查机器上有无遗忘工具及异物,将工具收起,异物清除。

(5)试运转

①喷杆的升、降、伸展与折叠

喷杆的提升与伸展:启动拖拉机,将喷药机提升至工作位置,按液压油管所接顺序慢慢操纵液压分配器的提升杆,将喷杆提升,待喷杆的固定套脱离机架后,为使喷杆伸展时不碰地面,此时将喷杆展平直后,检查中间喷杆处平衡油缸是否升起,若没有升起,操纵液压分配器的伸展杆加压,使之升起,然后检查平衡油缸的平衡情况和水平情况。若不平衡,在喷杆臂上加载或减少配重块,使喷头地面之差最大不超过 10 cm。若不水平,调整拖拉机三点悬挂的中心拉杆,使之与地面水平。喷杆的折叠与其伸展操作相反。只有喷杆升、降、伸展、折叠正常后方可下地作业。

②喷雾系统的试运转

机器作业前,加注清水,分别用小、中、大油门试运转 15 min,依次检查以下内容。

★ 检查系统的密封性,是否有跑、冒、滴、漏现象;

★ 检查系统的压力是否正常,系统工作压力应控制在 0.2～0.5 MPa,最高压力≤0.6 MPa;

★ 在作业压力下喷雾,观察各喷头的雾流形状,如有明显的流线或歪斜应更换喷嘴;观察回流搅拌情况,搅拌器是否处于搅拌状态;

★ 检查加水、加药、喷药、搅拌、清洗各控制开关是否正常;

★ 看安全保护装置是否已安装好;

★ 检查机器的传动系统是否运转平稳,有无刮碰、异常声音;

★ 螺栓等紧固件是否松动,如松动要重新旋紧。

③行走速度的确定

拖拉机的喷雾行走速度，应根据实际作业情况首先测定喷头流量，但作业区域内的土地平整状况也是影响因素。一般喷雾速度在 3～8 km/h。

先向药液罐内加入适量清水，将开关 A、B、F 置于“喷药”位置，给系统加压，观察雾化情况和压力表，一般工作压力在 0.2～0.5 MPa。此时接取一个喷头 1 min 的喷量，可用称重法确定喷量(1 L＝1 000 g)，乘以 42 便是全喷幅每分钟的实际喷量。此时的压力指数及喷量是一项重要数据，据此可参考作业速度计算公式制定出机组行走速度。

作业速度计算公式：$V=Q\div A\times 80$

式中：V——作业速度，单位 km/h；

　　Q——单个喷头每分钟的喷量，单位 L/min；

　　A——每亩施药量，单位 L/亩。

改变行走速度、喷雾压力、喷头大小，均可使每亩施药量改变。用户可根据具体情况灵活掌控。更换喷头时应选用正规厂家的产品，以免造成损失。喷头必须是同一厂家、统一款式、同一型号的喷头，并在作业前实测其喷量，以确定单位面积的施药量。

注意：拖拉机行走速度的改变依靠挡位的更换，不可靠油门大小控制速度，油门应保持恒定。

❖ 步骤 3：实施喷药作业

1. 加水

向主药罐加水时，若有外动力水源，则直接把水管连接到快速加水位置(把球阀把手 A 拧到向右)或者水管直接放在药罐口进行加水，各控制阀门指示图如图 3-1-4 所示。

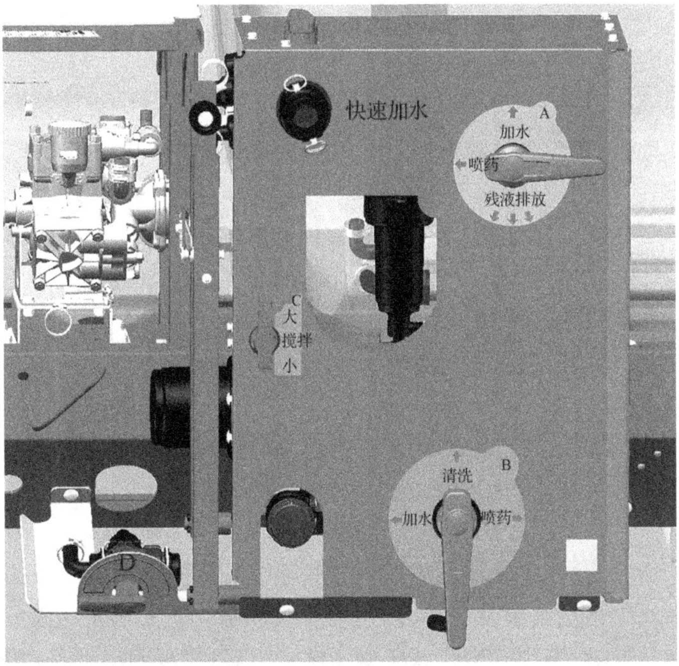

图 3-1-4　各控制阀门指示图

2. 配药

先在配药罐里加些水，将阀门 B 置于“喷药”位置，将阀门 A 置于“加水”位置，直接将所需农药(注：农药为可湿性粉剂时，必须在加入配药罐前用水完全溶解，没有粉体块)倒入配药罐中，将阀门 B 置于“喷药”位置即可将配药罐里药液吸入主药罐里。

清洗药瓶操作：将阀门 B 置于“清洗”位置，将阀门 A 置于“加水”位置，将空药瓶嘴向下套在箱内的清洗喷头上，轻轻向下按压 3～5 s，对药瓶进行清洗，以减少残液对环境的污染。

3. 搅拌

(1)通过调整过滤器旋钮可调节搅拌大小。具体调节方式如图 3-1-5 所示。

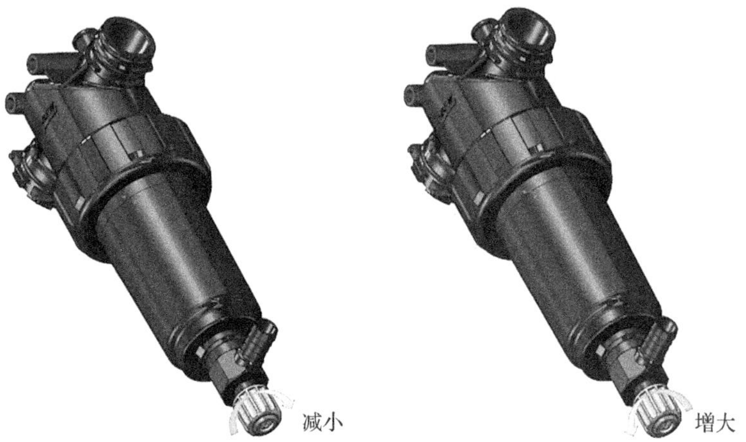

图 3-1-5 过滤器旋钮调节搅拌

(2)阀门 C 控制搅拌泵流量，根据标识调节搅拌大小。

彻底和仔细地搅拌农药是喷雾机作业的重要步骤之一。搅拌不匀将造成药量不均匀。对可湿性粉剂一类农药，要一直搅拌到整箱药液喷完为止。

4. 喷药

喷雾机至作业地点，确定作业路线时应观察有无障碍物，如：树木、电杆、沟坎等，作业区域的坡度情况也应重视。

在地边空旷区域先将支臂展开，调整支臂高度，使喷头到目标物的距离为 500 mm，再查看阀门 A 是否处于“喷药”位置，阀门 B 是否处于“喷药”位置，根据需要在电脑上控制某段支臂喷头是否喷药。作业时应注意如下问题：

①作业时，中间支臂处平衡油缸应提起。

②阀门 A 和阀门 B 处于“喷药”位置，阀门 C 处于大小之间适合位置，其余阀门关闭。

③喷药前若无法确定比例阀所处状态，应将比例阀调至回水量最大(此时药液回流至药箱)，以免压力过高损害机具。

5. 清洗

每喷洒一种农药之后、喷雾季节结束后或在修理喷雾机前，必须仔细地清洗喷雾机。喷雾机外表要用肥皂水或中性洗涤剂彻底清洗，并用清水冲洗。坚实的药液沉积物可用硬毛刷刷去。喷洒过有机氯农药后，可用醋酸代替肥皂清洗。最后，泵吸肥皂水通过支臂和喷头加以清洗。具体操作如下：

先向清洗罐内加入清洗液，再将阀门A置于"清洗"位置，阀门B置于"清洗"位置，保证拖拉机后输出转速在100～300 r/min，启动隔膜泵，清洗1～2 min即主药罐清洗干净；在清洗喷头水管时，拖拉机后输出转速为300～550 r/min，再将阀门A置于"喷药"位置支臂分配器开关全部打开，其余开关全部关闭，启动隔膜泵，进行喷雾系统清洗。

玉米田间管理的植保机械还有如下几种。

1. 背负式弥雾喷粉机

这是国产小型机动植保机械中生产历史长、批量大、应用广泛的机型(图3-1-6)。自带动力和风机，可进行弥雾、喷粉等项作业。消耗动力小，机动性好，生产率高，适用性广。国内同类产品有风雷-Ⅰ型、风雷-Ⅱ型、蜻蜓-2.6型、啄木鸟-2型、3MF-3型和3MF-4型等。

图3-1-6　东方红-18型背负式弥雾喷粉机

2. 背负式机动喷雾喷粉机

这是农业部南京农业机械化研究所、临沂农业药械厂、中国农业机械化研究院于20世纪90年代在原泰山牌3WF-3型背负机的基础上研制成功的我国新一代背负式喷雾喷粉机(图3-1-7)。其主要特点是风机效率高，风压、风量及整机噪声、射程等性能指标优于日本同年代同类产品，且机具功率大、功率调节范围宽。

图3-1-7　3WF-2.6背负式机动喷雾喷粉机

3. 背负式超低量弥雾喷粉机

超低量弥雾技术具有以下优点：自带动力和风机，能将细微雾滴吹送至远处分布，可喷施高浓度油剂农药而不用水，节约农药，提高了农药利用率，防治效果好，成本费用低，适应性广，减少了环境污染，劳动强度低，工作安全可靠。该机还具有震动小、噪声低的特点。这种机具能进行超低量弥雾、喷粉、喷施颗粒农药、化肥，并能撒播小颗粒草籽等。适合山区干旱地区使用。药箱容量11 L，净重14.5 kg，生产率3.3～6 hm^2/h。超低量喷雾器主要用于玉米生长后期防虫、防病、叶面追肥、植物激素等药液的喷洒。

4. 机动型植保喷雾机

这是为小四轮拖拉机配套的机具，能喷射各种激素、液态肥、乳剂、乳油、胶悬剂、可湿性粉剂、除草剂。结构简单，操作方便，可以多行作业宽度可调，适用于全面喷洒，苗带喷洒，进行播前、苗前土壤处理和灭草及病虫害防治。喷幅宽6 m，采用刚玉瓷狭缝式喷嘴、ZMB80隔膜泵，班次生产率大于26 hm^2。与小四轮配套的喷杆式喷药机主要用于喷洒除草剂，苗期喷洒防虫、防病药剂。

5. 大中功率拖拉机牵引或悬挂式喷雾喷粉机

配备有高压液泵和风机，由拖拉机动力输出轴驱动，具有长喷杆、吊挂喷杆、薄膜喷粉管以及果园喷枪等喷洒部件，可以进行液态农药、除草剂喷洒作业，也可喷施可湿性粉剂。适用于旱地大田作物及果树病虫草害防治。国内老产品有WU-12悬挂式喷雾机、3W-650型喷雾机、3W-2000 型牵引式喷雾机、3WM-10-650 型悬挂式喷雾机等。国内新产品有 24 m 风幕式大型喷杆喷雾机，大田风幕式防飘喷杆喷雾机、3WD-800 型风送式多功能远程喷雾机、3WQX-1300 型风幕式喷杆喷雾机等。新产品应用了风幕防飘技术，采用气力辅助喷雾，减少药液飘移，提高药液在作物上的附着率，可节约农药施用量 20%～30%。

6. 自走式高地隙喷杆喷雾机

在高地隙自走底盘上装备有液泵、喷杆、喷头等组成的喷雾系统及由液压驱动的风机、风管等组成的风幕系统。喷雾压力及喷雾量可调。沿喷幅方向布置的风幕装置有利于防止和减少细小雾滴的飘移，同时可以提高雾滴在作物丛中的穿透能力，增加雾滴的附着率，提高防治效果。适用于玉米等中耕作物的病虫害防治及化学除草。这类产品国外有 John Deer 4720 自走式喷杆喷雾机（图 3-1-8）、巴西 2000 型自走式喷杆喷雾机（图 3-1-9），CASE 自走式喷杆喷雾机（图 3-1-10）等。

图 3-1-8　John Deer 4720 自走式喷杆喷雾机

图 3-1-9　巴西 2000 型自走式喷杆喷雾机

7. 飞行类植保设备

近年来，随着我国飞机行业和无人机行业的快速发展，飞行类直播设备逐渐普及，主要有需要飞行员上机操作的固定翼航化喷药飞机，如图 3-1-11 所示。不需要飞行员上机操作的多旋翼无人植保飞机，如图 3-1-12 所示。

图 3-1-10　CASE 自走式喷杆喷雾机

图 3-1-11　固定翼航化喷药飞机

图 3-1-12　多旋翼无人植保飞机

❖ **步骤 4**:清理和保养机器,封存

1. 清洗

喷药机在每喷洒一种农药之后、喷雾季节结束后或在修理喷雾机前,必须仔细地清洗喷药机。喷药机外表要用肥皂水或中性洗涤剂彻底清洗,并用清水冲洗。坚实的药液沉积物可用硬毛刷刷去。用过有机氯农药后,用醋酸代替肥皂清洗。最后,泵吸肥皂水通过喷杆和喷头加以清洗。具体操作如下。

先向清洗箱内加入清洗液,再将阀门 A 置于"清洗"位置,阀门 B 置于"喷药"位置,喷杆分配器开关全部打开,其余开关全部关闭,启动液泵,对药液箱及喷雾系统进行清洗。若仅清洗药液箱,需将喷杆分配器开关全部关闭。

2. 残液的排放

清洗完毕后,将阀门 A 置于"残液排放"位置,将罐内及系统内残液排放于田间凹坑内掩埋,严禁向河流湖泊排放。

3. 年度保养

①每年度作业结束后,要彻底清洗机具及喷雾系统,除去残液、泥土等杂物,并擦拭干净。

②掉漆部件补漆。

③检修并更换失效的零件。

④各需要润滑的部位注足润滑油、润滑脂。

⑤机器存放在干燥通风的机房内,露天存放的必须用苫布罩严,不得水浸雨淋。

⑥寒冷地区冬季存放,需将隔膜泵及喷雾系统残液全部放净,并加注防冻液后存放,可将隔膜泵卸下放在室内,以防冻裂。

4. 保养、封存

喷雾机长期存放时,必须完成以下几项准备工作,再将喷雾机置干燥的房舍内存放。

①打开机器上的全部窗孔、盖子、护罩。仔细清除机器内外的残液、尘土、作物残余和污物,必要时可做部分拆卸,内外均须清理干净。

②取下喷嘴、喷头片和喷头滤网,清洁干净后妥善保存,若是钢质的,可放入清洁的柴油中保存。用无孔的喷头片装入喷头中,以防脏物进入管路。

③隔膜泵长期停用,需将泵全部拆开,擦干水分,将传动部位及结合处涂抹油脂装好,妥善保存。

④将支臂折叠挂牢,且油缸杆外露量应尽量少,并将外露部位涂抹防锈油。

⑤拆卸和查看机器时,如发现零件或部件需要更换,应换上备用零部件。

⑥在一切未涂油漆的金属表面,以及工作中受摩擦的部位,涂抹防锈油。

(四)任务总结评价

➢ 任务完成清单

班级：　　　　　姓名：　　　　　学号：

任务一　田间机械化喷药作业任务完成清单								
序号	播种作业后保养封存	是否完成	完成日期	资源学习（资源序号）	是否完成	完成日期	是否存在疑问	是否解决
1								
2								
3								
4								
5								
6								
7								
8								
9								
10								
11								
12								
13								
14								
15								
学生签名：					指导教师签名：			
任务完成情况自评：(　A　B　C　D　E　)					任务完成情况教师评价(　A　B　C　D　E　)			

说明：等级评价为 A、B、C、D、E 五级，在评价的等级符号上圈圆圈

注：1. 完成全部分项任务为 A；2. 完成 80%以上但未完成全部分项任务为 B；3. 完成 60%～80%分项任务为 C；4. 完成 40%～60%分项任务的为 D；5. 完成 40%以下分项任务为 E。对于资源学习和疑问提出情况，指导教师依据学生表现酌情评价。

➢ 任务评价

班级：　　　　　　姓名：　　　　　　学号：

任务一　田间机械化喷药作业务完成评价单		
评价内容	评价要素	等级评价
信息检索	有效利用网络资源,工作手册查找有效信息	
	能够有条理地解释、表达所学的知识及技能	
	能将检索的信息进行有效转换	
感知工作	熟悉专业、认同职业工作价值	
	在任务完成中收获成就感	
参与状态	能够尊重教师、同学,达成相互理解	
	能够与教师、同学之间保持多向、丰富、适宜的信息交流	
	探究学习,具备一定自主学习能力,善于处理好合作学习和独立思考的关系,做到有效学习	
	能提出有意义的问题或能发表个人见解:能按要求正确实施操作;能够倾听、协作分享	
	积极参与任务中,在学习与工作过程中不断学习,综合运用信息技术的能力获得提高	
学习方法	工作计划、操作技能是否符合规范要求	
	是否获得进一步发展的能力	
工作过程	遵守任务操作规程,操作过程符合任务实施管理要求	
	上课出勤情况,任务完成情况	
	能多角度主动发现问题,提出有价值的问题	
思维状态	善于提出问题、分析问题、解决问题;创新意识	
	按时按质完成任务	
自评反馈	较好地掌握专业知识点、技能点	
	具有较强的信息分析能力和理解能力	
	具有较为全面严谨的思维能力,并能条理清晰地表述成文	
任务完成中自我成功小故事描述		

说明:等级评价为 A、B、C、D、E 五级

➢ 任务完成过程收获总结

时间：　　年　　月　　日　　班级：　　　　姓名：　　　　学号：　　　　教师评级等级：

说明：任务完成过程收获总结主要表述在完成过程中的学习收获，要阐述清楚有益的经验和做法，字数≥300字，并制作PPT报告，教师评价等级为A、B、C、D、E五级，综合评价文本总结和PPT报告两部分内容

任务二　机械化中耕深松作业

一、任务引入

由于早春温度低，玉米出苗后及时中耕松土，可以提高土温，有利根系下扎，促进幼苗生长健壮，同时有益于土壤微生物活动，加速有机质的分解，提高土壤有效养分，改善营养条件。中耕还有利于调节水分，防旱保墒，促进玉米生长。中耕对防除杂草也有一定的效果。有时在中耕过程中，同时能进行下一环节的追肥作业，补充玉米生长所必需的养分。

❖ 任务描述

机械化中耕深松，应在 6 月下旬至 7 月上旬进行(我国幅员辽阔，因区域不同，时间会有差异)，一定要注意土壤的墒情，持续干旱地块不宜深松。深度在打破犁底层为宜，一般耕深在 30～50 cm。深松作业时，机车速度不能过快，否则容易造成土块或勃土条甩压苗带，同时也会造成土壤松动过大透风，损伤根系生长，中耕深松必须要碎土镇压。

注：等距离种植模式一般不进行苗期深松。

❖ 任务步骤分解

中耕深松的流程如图 3-2-1 所示。

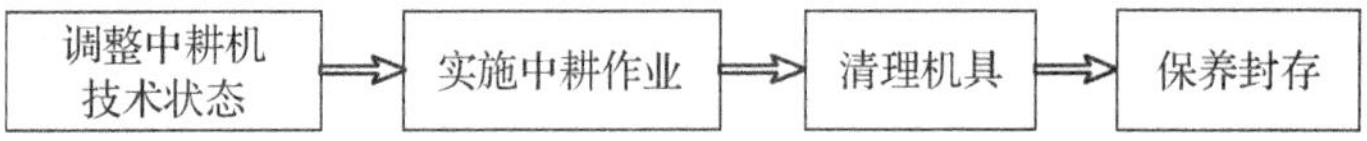

图 3-2-1　田间中耕作业流程

二、任务前知识准备

问题 3-2-1：玉米种植中耕深松的作用是什么？

问题 3-2-2：玉米种植中耕的机具是什么？

问题 3-2-3：玉米种植中耕深松选择什么型铲？

问题 3-2-4：玉米种植中耕深松需要调整什么？

问题 3-2-5：玉米种植中耕深松需要注意什么？

三、任务实施

❖ **步骤1:**检查调整深松机技术状态

玉米的苗期中耕深松作业,在作业前要检查各部件是否齐全,有无变形或损坏,各螺栓、螺母是否坚固;检查各调整机构是否灵活可靠,必要时应再调节。工作部件磨损严重时必须更换,否则影响深松质量。

将深松机与拖拉机三点悬挂相连接,调整限位链或限位杆使左右下拉杆左右摆动,以不碰到轮胎为宜。在工作状态下,应与地面保持平行。如不平行,需调整上拉杆保持与地面平行。整体调整完成后,要进行以下的单体调整。

(1)犁踵的调整　工作时,若犁踵不着地,应将固定螺丝松开,后移一个孔位,使犁踵着地。

(2)护苗器调整　通过改变护苗板左右支板固定的销孔来调整护苗带的宽窄,调整时应保持两支板固定的销孔位置相对应,以免使护苗板偏向一侧;护苗板高度的调整是通过护苗板支板上的孔和护苗板转动架上的孔的调整来完成的,向上移则护苗板升高,向下移则护苗板降低;护苗板前后位置的调整可移动固定在犁辕上的护苗板转动架进行调整。

(3)深松关键部件的选择　玉米中耕时,第一遍中耕选用铧溜子(小号铧子),且不带分土板;第二遍时用中号铧子,分土板开度调至中间位置;第三遍时用大号铧子,分土板视覆土情况而定,覆土过多则开度调小,反之调大。

❖ **步骤2:**实施深松追肥作业

玉米生产所用中耕机有以下不同的类型,但其调整大同小异。下面通过了解适合玉米生产的中耕机类型、结构和原理,来完成实施深松、追肥作业的任务。

适用于玉米种植的中耕机械按拖拉机挂接方式划分,有牵引式和悬挂式;按作业类型划分,有全幅中耕机、行间中耕(追肥)机、通用中耕机等;按工作部件型式划分,有铲式中耕(追肥)机、旋转式中耕(追肥)机、杆式中耕机等;按作业行数分,有二行、四行、六行、八行、十二行、十三行、十四行、十五行、十六行等。

(一)全幅中耕机

牵引式全幅中耕机多为大型宽幅中耕机,机架采用液压折叠,便于运输。各类型悬挂式全幅中耕机的结构基本相同,比牵引式结构简单。这类中耕机不翻耕表土,将铲除的杂草和作物的残茎落叶覆盖于地表,可防止水分蒸发和水土流失。

(二)通用中耕机

这种机型既可用于全幅中耕也可用于行间中耕及横向株间中耕作业,故称通用中耕机。如图3-2-2所示,工作部件包括单翼铲、双翼铲和凿形松土铲三种。锄铲组铰接在机架横梁上,可适应地形。全幅中耕时,工作幅宽可达4.5 m,耕深可在6～16 cm范围内调节。

(三)中耕追肥机

1. 行间中耕追肥机

行间中耕追肥机的结构特点是可根据机架宽度按不同作业需要配置各种工作部件,或将有关工作部件安装在通用机架上。

图 3-2-2　牵引式通用中耕机

玉米行间中耕追肥机根据工作部件的特点可分为直线运动的铲式和旋转式行间中耕机。

行间中耕机多为悬挂式,有拖拉机前悬挂、后悬挂和轴间悬挂三种。目前我国广泛应用的是后悬挂式行间中耕追肥机。这类行间中耕追肥机结构简单,节约钢材,转向灵活方便,对行距适应性良好,可减少伤苗率。其种类较多,结构大致相同,一般由单梁、悬挂架、支持轮、锄铲组、追肥机构和液压升降机构等组成。锄铲组多采用四连杆仿形机构,以保持入土稳定性。根据不同行距和作业要求,轮距应能调整,土壤工作部件可配置单翼铲、双翼铲、松土铲、施肥开沟器或培土器。有些用于窄行距的中耕机设有操向装置,可减少护苗带宽度。一般悬挂式行间中耕机不仅可用于玉米的行间松土、锄草,更换工作部件后,还可进行深中耕、培土、开灌溉沟和追施化肥等作业。我国产量较大、使用较广的 2BZ-4(6)型通用机架中耕追肥机,如图 3-2-3 所示。

图 3-2-3　2BZ-4(6)型通用机架中耕追肥机

2. 垄作中耕追肥机

东北垄作地区常使用的垄作中耕追肥机如图 3-2-4、图 3-2-5 所示,是功率为 96～118 kW 拖拉机配套的大型悬挂式机具,有快速挂接装置,运输时,转换成侧向牵引。该机主梁采用异型钢管，解决了宽幅机具的刚度问题。为保证行间作业时横向稳定性、不伤苗，在主梁的两端对称配置圆盘平衡器。仿形机构上拉杆设有独特的偏心套，可微调其长度，使土壤工作部件呈水平状态。该型机具宽幅、高效，适用于新疆、东北大地块作业。排肥器均为外槽轮式，以排施颗粒或晶状化肥为主，具有结构简单，质量轻，排肥量控制准确，调整容易，性能可靠，故障少的特点。随着种地习惯的改变，加之近年来生物肥、有机肥的应用使施肥量加大，每公顷最多可施有机颗粒肥 750 kg，这样就出现了大排肥量排肥器。排肥开沟器目前以窄幅锄铲式居多，主要特点是开沟窄，工作阻力小。

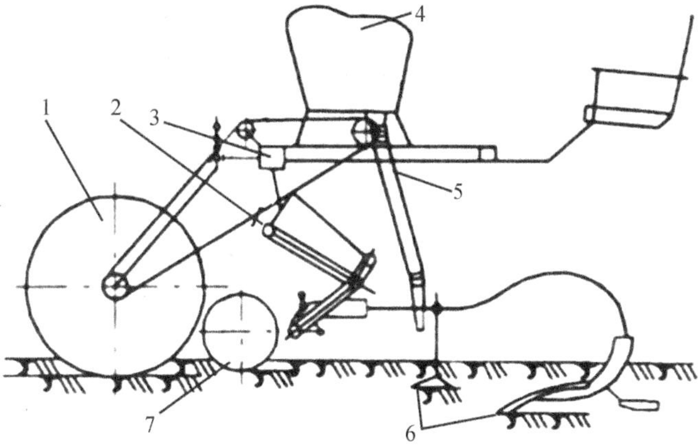

图 3-2-4　垄作中耕追肥机

1. 地轮　2. 多杆双自由度仿形机构　3. 机架　4 肥箱　5. 输肥管　6. 工作部件　7. 仿形轮

图 3-2-5　大型中耕追肥机

3. 除草中耕追肥机

除草中耕追肥机 简称中耕除草机，其工作部件由拖拉机牵引，机械式除草，灭草率高，耕后地表平整，适用于黏重土壤灌溉后板结地、过湿或过干、杂草过多的田间。除用于中耕作物行间中耕外，还可用于间套作田间破麦茬或进行绿肥埋青作业。

除草中耕追肥机与拖拉机的连接方式有悬挂式和牵引式 2 种，以悬挂式为多。我国研制的 3ZX 系列产品(图 3-2-6)，由机架、地轮、地轮传动装置、肥箱、除草机构及排除漏耕装置等组成。

图 3-2-6　3ZX-5 除草中耕追肥机

由于早春温度低，玉米出苗后及时中耕松土，可以提高土温，有利根系下扎，促进幼苗生长健壮，同时有益于土壤微生物活动，加速有机质的分解，提高土壤有效养分，改善营养条件。中耕还有利于调节水分，防旱保墒，促进玉米生长。中耕对防除杂草也有一定的效果。在中耕过程中，同时能进行追肥作业，补充玉米生长所必需的养分。

在玉米拔节或小喇叭口期，采用高地隙中耕施肥机具或轻小型田间管理机械进行中耕追肥机械化作业，一次完成开沟、施肥培土镇压等工序。追肥机各排肥口施肥量应调整一致。追肥机具应具有良好的行间通过性能，追肥作业应无明显伤根，伤苗率＜3%，追肥深度 6～10 cm，追肥部位在植株行侧 10～20 cm，肥带宽度＞3 cm，无明显断条，施肥后覆土严密。

❖ **步骤 3:**清理和保养机器，封存

维护保养是确保机具正常运转、提高功效、延长使用寿命的重要措施。当季作业结束后，应及时清理机具上的泥土、缠草、夹茬，及时更换损坏、变形的零件，彻底清除机具的油泥，表面涂油漆，以防锈蚀。向万向联轴节轴承部位及刀轴端部轴承部位及各活动部位加注黄油；检查、拧紧各连接螺栓、螺母；检查各部位的插销、开口销有无缺损，必要时更换新件；检查有无漏油现象，必要时更换纸垫或油封；检查万向节是否因滚针磨损而松动，当有泥而致扳动不灵活时应拆开，清洗后装好并补足黄油。检查传动系统各部位轴承、油封，若失效，则应拆开清洗更换新件，加足润滑油。机具最好停放于室内或棚子下，并做好防晒、防雨、防潮措施。

四、任务总结评价

➤ 任务完成清单

班级：　　　　　姓名：　　　　　学号：

<table>
<tr><th colspan="9">任务二　机械化中耕深松作业任务完成清单</th></tr>
<tr><th>序号</th><th>播种作业后保养封存</th><th>是否完成</th><th>完成日期</th><th>资源学习（资源序号）</th><th>是否完成</th><th>完成日期</th><th>是否存在疑问</th><th>是否解决</th></tr>
<tr><td>1</td><td></td><td></td><td></td><td></td><td></td><td></td><td></td><td></td></tr>
<tr><td>2</td><td></td><td></td><td></td><td></td><td></td><td></td><td></td><td></td></tr>
<tr><td>3</td><td></td><td></td><td></td><td></td><td></td><td></td><td></td><td></td></tr>
<tr><td>4</td><td></td><td></td><td></td><td></td><td></td><td></td><td></td><td></td></tr>
<tr><td>5</td><td></td><td></td><td></td><td></td><td></td><td></td><td></td><td></td></tr>
<tr><td>6</td><td></td><td></td><td></td><td></td><td></td><td></td><td></td><td></td></tr>
<tr><td>7</td><td></td><td></td><td></td><td></td><td></td><td></td><td></td><td></td></tr>
<tr><td>8</td><td></td><td></td><td></td><td></td><td></td><td></td><td></td><td></td></tr>
<tr><td>9</td><td></td><td></td><td></td><td></td><td></td><td></td><td></td><td></td></tr>
<tr><td>10</td><td></td><td></td><td></td><td></td><td></td><td></td><td></td><td></td></tr>
<tr><td>11</td><td></td><td></td><td></td><td></td><td></td><td></td><td></td><td></td></tr>
<tr><td>12</td><td></td><td></td><td></td><td></td><td></td><td></td><td></td><td></td></tr>
<tr><td>13</td><td></td><td></td><td></td><td></td><td></td><td></td><td></td><td></td></tr>
<tr><td>14</td><td></td><td></td><td></td><td></td><td></td><td></td><td></td><td></td></tr>
<tr><td>15</td><td></td><td></td><td></td><td></td><td></td><td></td><td></td><td></td></tr>
<tr><td colspan="5">学生签名：</td><td colspan="4">指导教师签名：</td></tr>
<tr><td colspan="5">任务完成情况自评：(　A　B　C　D　E　)</td><td colspan="4">任务完成情况教师评价(　A　B　C　D　E　)</td></tr>
</table>

说明：等级评价为 A、B、C、D、E 五级，在评价的等级符号上圈圆圈

注：1. 完成全部分项任务为 A；2. 完成 80%以上但未完成全部分项任务为 B；3. 完成 60%～80%分项任务为 C；4. 完成 40%～60%分项任务的为 D；5. 完成 40%以下分项任务为 E。对于资源学习和疑问提出情况，指导教师依据学生表现酌情评价。

➢ 任务评价

班级：　　　　姓名：　　　　学号：

任务二　机械化中耕深松作业务完成评价单		
评价内容	评价要素	等级评价
信息检索	有效利用网络资源，工作手册查找有效信息	
	能够有条理地解释、表达所学的知识及技能	
	能将检索的信息进行有效转换	
感知工作	熟悉专业、认同职业工作价值	
	在任务完成中收获成就感	
参与状态	能够尊重教师、同学，达成相互理解	
	能够与教师、同学之间保持多向、丰富、适宜的信息交流	
	探究学习，具备一定自主学习能力，善于处理好合作学习和独立思考的关系，做到有效学习	
	能提出有意义的问题或能发表个人见解：能按要求正确实施操作；能够倾听、协作分享	
	积极参与任务中，在学习与工作过程中不断学习，综合运用信息技术的能力获得提高	
学习方法	工作计划、操作技能是否符合规范要求	
	是否获得进一步发展的能力	
工作过程	遵守任务操作规程，操作过程符合任务实施管理要求	
	上课出勤情况，任务完成情况	
	能多角度主动发现问题，提出有价值的问题	
思维状态	善于提出问题、分析问题、解决问题；创新意识	
	按时按质完成任务	
自评反馈	较好地掌握专业知识点、技能点	
	具有较强的信息分析能力和理解能力	
	具有较为全面严谨的思维能力，并能条理清晰地表述成文	
任务完成中自我成功小故事描述		

说明：等级评价为 A、B、C、D、E 五级

➢ 任务完成过程收获总结

时间：　　年　　月　　日　　班级：　　姓名：　　学号：　　教师评级等级：

说明：任务完成过程收获总结主要表述在完成过程中的学习收获，要阐述清楚有益的经验和做法，字数≥300 字，并制作 PPT 报告，教师评价等级为 A、B、C、D、E 五级，综合评价文本总结和 PPT 报告两部分内容

任务三 机械化灌溉作业

一、任务引入

玉米是需水较多的作物，从种子萌发、出苗到成熟的整个生育过程除了苗期应适当控制土壤水分进行蹲苗外，自拔节至成熟，都必须适当地满足玉米对水分的要求，才能保证其正常的生长发育。降水量少或干旱无雨季节的田间持水量不能满足玉米生长发育需要，势必影响玉米的正常生长发育，进而影响玉米的产量和品质。所以，应根据当地的降水情况和土壤墒情通过灌溉及时补充水分，给玉米的各个生育阶段创造一个适宜的土壤墒情，再配合其他栽培技术措施，才能实现玉米的高产稳产。玉米灌溉是指补充玉米生长所需的土壤水分，以改善玉米生长条件的技术措施。由于各地自然和气候条件的差异，玉米对灌水的需求也不尽相同。在湿润地区一般不需要灌溉。在干旱或半干旱地区，则需要根据情况进行灌溉。

玉米的灌溉主要有三个时期：第一个时期是拔节期。拔节期雄、雌穗开始分化，这个时期气温高、耗水量大，要求有充足的水分供应。土壤水分以保持在田间持水量的70%～75%为宜。此时灌溉有利于叶面积增大，增强光合作用和干物质积累，促进果穗增长，增加穗长与籽粒数。第二个时期是抽雄开花期。此时玉米对水分反应甚为敏感。土壤水分保持在田间持水量的70%～80%为宜，是玉米需水的临界期。满足这个阶段的水分供应，可促进光合作用、增强干物质积累以及营养物质向籽粒中运转。抽雄开花期内灌水可以提高株间湿度，增强花粉的生命力，缩短雌、雄穗出现时间的差距，有利于授粉。第三个时期为灌浆期。要求土壤水分保持在田间持水量的75%左右。灌浆期内及时灌水对促进有机营养向果穗运转有明显效果。

❖ 任务描述

玉米生产的灌溉方式主要有四种。①沟灌。先在玉米行间开沟，然后将水引入沟内。优点是减少了水流与地表的接触面，减轻了土壤团粒受水力破坏的程度，因而玉米根部土壤疏松、通气性好，有利于玉米生长发育。这种方法一般在拔节后采用，拔节后在田间管理上一般随追肥进行培土，使玉米行间自然形成了沟。为了控制水量以及防止灌后造成倒伏，常采用隔沟灌或半沟灌。②畦灌。比大水漫灌容易控制水量，能减少地表板结和肥料的流失。这种方法的优点是可依地势的高低、地面的大小，决定畦的大小。这种灌溉方法一般是在播种前及苗期采用。③喷灌。即通称的人工降雨灌溉，是以压力将水经喷管和喷头喷向空中，使灌溉水像降雨一样均匀地落在玉米和地面上，靠水浸润土壤供水。优点是减少了灌溉水对土壤的冲刷，避免土壤板结。喷灌用水量可以随意控制，比地面灌溉要节省15%～30%的用水量。④滴灌。是地下灌溉发展的一种新型灌溉方法。它是利用低压管道系统，使灌溉水滴缓慢地经常地浅润根系区域。它是借助于土壤毛细管作用，由地下上升到玉米根系分布层，供玉米生长发育的需要。它可以按玉米需水量供水，能更好地减少用水量，促进玉米生长和提高产量。

❖ 任务步骤分解

机械化灌溉作业流程如图 3-3-1 所示。

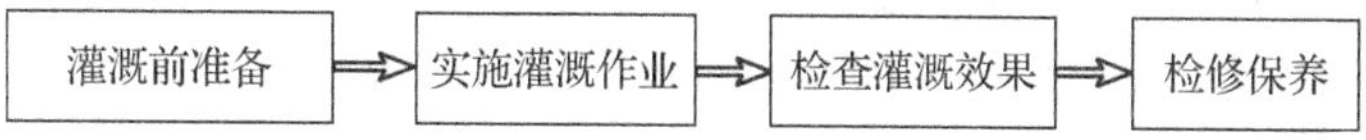

图 3-3-1　机械化灌溉作业流程

二、任务前知识准备

问题 3-3-1:玉米种植的机械化灌溉方式有几种?

问题 3-3-2:玉米种植灌溉机械有哪几类?

问题 3-3-3:灌溉机械应如何维护和保养?

问题 3-3-4:灌溉机械与其他的作业机械有哪些区别?

问题 3-3-5:玉米种植的灌溉未来发展方向是什么?

三、任务实施

❖ **步骤 1:**灌溉前准备

1. 了解地形和土壤类型

地形和土壤类型对喷灌系统的设计和操作方法具有重要影响,因为它们会影响泵站和灌溉系统的放置位置和灌溉水的流程。如果耕地的地形较平,可以采用同一高度的喷头进行灌溉。如果地势较陡峭,则需要在斜坡上安装多个喷头,以确保整个水坡覆盖。

2. 确定玉米品种和种植密度

不同的玉米品种和种植密度需要不同数量和类型的喷头,喷灌行走轮间距可以根据栽培技术和土壤质量进行调整。

3. 选择喷灌设备和灌水泵

喷灌设备的选择需要根据每个农田的大小和形状确定。同时,应该选择有良好质量的喷头、连接配件和水泵，以确保喷灌系统运行平稳、噪声小和使用寿命长。

❖ **步骤 2**：实施灌溉作业

目前，应用最广的灌溉方式是喷灌和滴灌，滴灌的年均投入较大，运行费用也较高，因此在大面积玉米种植的情况下应用较少。喷灌是应用最广泛的灌溉方式。

喷灌是借助水泵和管道系统或利用自然水源的落差，把具有一定压力的水喷到空中，散成小水滴或形成弥雾降落到植物上和地面上的灌溉方式。

在我国用得较多的有以下几种类型的喷灌机。

1. 指针式喷灌机

指针式喷灌机（图 3-3-2）也叫折叠中心支轴式喷灌机或电动圆形喷灌机。将支管支撑在高 2～3 m 的支架上，全长可达 400 m，支架可以自己行走，支管的一端固定在水源处，整个支管就绕中心点绕行，像时针一样，边走边灌，可以使用低压喷头，灌溉质量好，自动化程度很高。我国已有产品，在华北和东北已有一定的使用经验，适用于大面积的平原（或浅丘区），要求灌区内没有任何高的障碍（如电杆、树木等）。其缺点是只能灌溉圆形的面积，边角要用其他方法补灌。此机在美国应用广泛，也值得我国在大平原地区、大规模农场推广。

图 3-3-2　指针式喷灌机

指针式喷灌机喷灌面积大，喷洒质量好，能够在较小的投资和短时间内灌溉千万顷土地，不需要开渠筑堤、平整土地，只需井水河渠、湖泊等水源。控制面积大，降低亩投资成本。高度的机械化和自动化，可使一人控制 2～8 台，提高劳动生产率。

2. 折叠滚移式喷灌机（图 3-3-3）

折叠滚移式喷灌机使用时将喷灌支管（一般为金属管）用法兰连成一个整体，每隔一定距离以支管为轴安装大轮子。在移动支管时用一个小动力机推动，使支管滚到下一个喷位。每根支管最长可达 400 m。这种机型我国已有产品，适用于矮秆作物（如蔬菜、小麦等），要求地形比较平坦。

3. 折叠大型平移式喷灌机（图 3-3-4）

为了克服指针式喷灌机只能喷灌圆形面积的缺点，人们在指针式喷灌机的基础上研制出

图 3-3-3　滚移式喷灌机

可使支管做平行移动的喷灌系统，这样灌溉的面积是矩形的。但其缺点是当机组行走到田头时，要专门牵引回原来出发地点，才能进行第二次灌溉。而且平移的技术要求高。因此，没有指针式喷灌机使用得那么广泛。

图 3-3-4　折叠大型平移式喷灌机

4. 折叠纹盘式

卷盘式喷灌机也称折叠纹盘式，是一种将牵引 PE 管缠绕在绞盘上，利用喷灌压力水驱动水涡轮旋转，经变速装置驱动绞盘旋转，并牵引喷头车自动移动和喷洒的灌溉机械，如图 3-3-5 所示。卷盘式喷灌机能够灌溉大面积的农田，也可以根据喷头控制喷水量的大小，以满足使用者对喷灌水量的不同要求，是农田节水灌溉的合适选择。同时也适用于电厂、港口、运动场、城市绿地等需要灌溉或防尘场合下的喷洒作业。卷盘式喷灌机采用水涡轮式动力驱动系统。采用大断面小压力的设计，在很小的流量下，可以达到较高的回收速度，水涡轮转速从水涡轮轴引出一个两速段的皮带驱动装置传入到减速器中，降速后链条传动产生较大的扭矩力驱动绞盘转动，从而实现 PE 管的自动回收。同时经水涡轮流出的高压水流经 PE 管直送到喷头处，喷头均匀地将高压水流喷洒到作物上空，散成细小的水滴均匀降落，并随着 PE 管的移动而不间歇地进行喷洒作业。

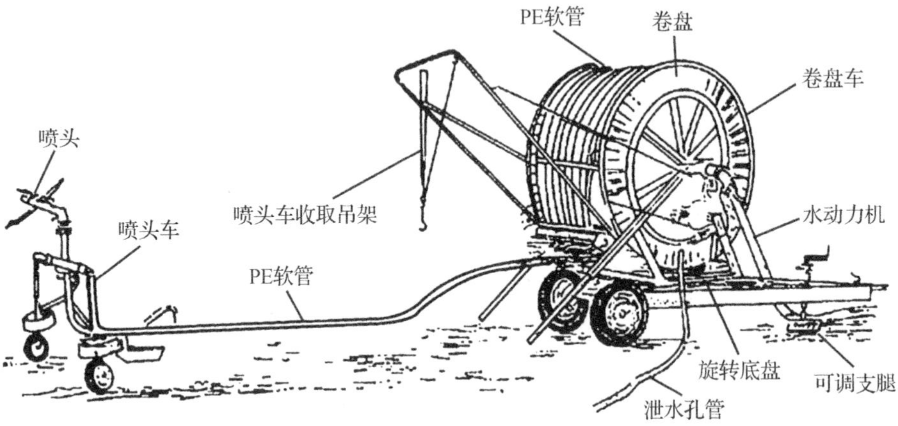

图 3-3-5 卷盘式喷灌机

玉米喷灌系统要能达到有效的灌溉效果，要做好以下几点。

第一是控制水流的压力。在给玉米喷灌时，可以对泵站和灌溉系统进行针对性调节，以达到适当的水流速度。要避免压力过高或过低，否则可能会影响玉米喷灌系统的效率。第二是确定灌溉时间。灌溉时间取决于土壤类型、气候条件以及玉米品种的发育状况。在每次水浸浇之后，应该检查土壤湿度并进行喷灌，这能够使土壤保持湿润状态。如果地面土壤出现裂缝，这就是需要再灌溉的标志。第三是注意喷出的水头高度。水头喷洒的高度必须保持在玉米顶部 30～40 cm 的范围内。如果过低到玉米表面，水流太强可能会破坏玉米叶片和茎；如果过高，会导致水流下落受阻，覆盖范围不够，深度不够，不利于土壤深层次的保水和根系发育。第四是定期检查。使用喷灌系统期间需要常规检查。定期检查水泵、喷头和连接器，以便及时发现并修复设备故障。检查喷头大小是否一致，含水量是否匹配，喷头是否堵塞。

总体而言，喷灌系统是一种高效的农业灌溉方案。在玉米种植过程中，应该严格按照上述步骤进行操作，以确保灌溉水平，最大限度地提高灌溉效率。玉米喷灌可以减少水资源的浪费和滥用，提高农业生产效率。

❖ 步骤 3：检查喷灌效果

在喷灌过程中及喷灌结束时，要检查喷灌的效果，如果出现灌溉过量和不足的情况，要及时调节，确保玉米的正常生长和水资源的合理利用。

❖ 步骤 4：清理和保养

喷灌结束后，及时清理设备上的杂物，拆下软连接管道和管件，检查各连接处的连接情况，异常的及时处理，然后对关键部位和部件进行防护处理。

四、任务总结评价

➢ 任务完成清单

班级：　　　　姓名：　　　　学号：

任务三　机械化灌溉作业任务完成清单								
序号	机械化灌溉作业	是否完成	完成日期	资源学习（资源序号）	是否完成	完成日期	是否存在疑问	是否解决
1								
2								
3								
4								
5								
6								
7								
8								
9								
10								
11								
12								
13								
14								
15								
学生签名：				指导教师签名：				
任务完成情况自评：（ A B C D E ）				任务完成情况教师评价（ A B C D E ）				

说明：等级评价为 A、B、C、D、E 五级，在评价的等级符号上圈圆圈

➢ 任务评价

班级：　　　　姓名：　　　　学号：

任务三　机械化灌溉任务完成评价单		
评价内容	评价要素	等级评价
信息检索	有效利用网络资源，工作手册查找有效信息	
	能够有条理地解释、表达所学的知识及技能	
	能将检索的信息进行有效转换	
感知工作	熟悉专业、认同职业工作价值	
	在任务完成中收获成就感	
参与状态	能够尊重教师、同学，达成相互理解	
	能够与教师、同学之间保持多向、丰富、适宜的信息交流	
	探究学习，具备一定自主学习能力，善于处理好合作学习和独立思考的关系，做到有效学习	
	能提出有意义的问题或能发表个人见解；能按要求正确实施操作；能够倾听、协作分享	
	积极参与任务，在学习与工作过程中不断学习，综合运用信息技术的能力获得提高	
学习方法	工作计划、操作技能是否符合规范要求	
	是否获得进一步发展的能力	
工作过程	遵守任务操作规程，操作过程符合任务实施管理要求	
	上课出勤情况，任务完成情况	
	能多角度主动发现问题，提出有价值的问题	
思维状态	善于提出问题、分析问题、解决问题；创新意识	
	按时按质完成任务	
自评反馈	较好地掌握专业知识点、技能点	
	具有较强的信息分析能力和理解能力	
	具有较为全面严谨的思维能力，并能条理清晰地表述成文	
任务完成中自我成功小故事描述		

说明：等级评价为 A、B、C、D、E 五级

➢ 任务完成过程收获总结

时间：　　年　　月　　日　　班级：　　　姓名：　　　学号：　　　教师评级等级：

说明：任务完成过程收获总结主要表述在完成过程中的学习收获，要阐述清楚有益的经验和做法，字数≥300 字，并制作 PPT 报告，教师评价等级为 A、B、C、D、E 五级，综合评价文本总结和 PPT 报告两部分内容

项目总结活动

项目总结活动主要要完成展示任务完成作品、自评、总结心得、PPT 学习总结报告等。

➤ 项目完成清单

班级：　　　　姓名：　　　　学号：

项目三　玉米生产机械化田间管理技术项目完成清单								
序号	项目设计内容	是否完成	任务收获总结	是否完成	任务评价成功小故事	是否提炼出成功小故事	任务完成难点	是否解决
1								
2								
3								
4								
5								
6								
7								
8								
9								
10								
学生签名：				指导教师签名：				
任务完成情况自评：（ A B C D E ）				任务完成情况教师评价（ A B C D E ）				

说明：等级评价为 A、B、C、D、E 五级，在评价的等级符号上圈圆圈

注：1. 完成全部分项任务为 A；2. 完成 80%以上但未完成全部分项任务为 B；3. 完成 60%～80%分项任务为 C；4. 完成 40%～60%分项任务的为 D；5. 完成 40%以下分项任务为 E。对于资源学习和疑问提出情况，指导教师依据学生表现酌情评价。

➤ 项目评价

班级：　　　　姓名：　　　　学号：

项目三　玉米生产机械化田间管理技术项目完成评价单			
评价内容	评价要素	能力提升自评等级	能力提升教师评价
信息检索	有效利用网络资源，工作手册查找有效信息		
	能够有条理地解释、表达所学的知识及技能		
	能将检索的信息进行有效转换		
感知工作	熟悉专业、认同职业工作价值		
	在项目完成中收获成就感		
参与状态	能够尊重教师、同学，达成相互理解		
	能够与教师、同学之间保持多向、丰富、适宜的信息交流		
	探究学习，具备一定自主学习能力，善于处理好合作学习和独立思考的关系，做到有效学习		
	能提出有意义的问题或能发表个人见解；能按要求正确实施操作；能够倾听、协作分享		
	积极参与项目，在学习与工作过程中不断学习，综合运用信息技术的能力获得提高		
学习方法	工作计划、操作技能是否符合规范要求		
	是否获得进一步发展的能力		
工作过程	遵守项目操作规程，操作过程符合任务实施管理要求		
	上课出勤情况，项目完成情况		
	能多角度主动发现问题，提出有价值的问题		
思维状态	善于提出问题、分析问题、解决问题；创新意识		
	按时按质完成任务		
自评反馈	较好地掌握专业知识点、技能点		
	具有较强的信息分析能力和理解能力		
	具有较为全面严谨的思维能力，并能条理清晰地表述成文		
请罗列出项目完成过程中自我成功的小故事			

说明：等级评价为 A、B、C、D、E 五级

➢ 项目完成过程收获总结

时间： 年 月 日 班级： 姓名： 学号： 教师评级等级：

说明：任务完成过程收获总结主要表述在完成过程中的学习收获，要阐述清楚有益的经验和做法，字数≥300 字，并制作 PPT 报告，教师评价等级为 A、B、C、D、E 五级，综合评价文本总结和 PPT 报告两部分内容

项目四　玉米生产机械化收获技术

项目引入

◆ 项目描述

机械化收获是玉米生产的重要作业环节，其收获质量、籽粒破损率及含杂率对玉米后续加工及出售都会产生一定的影响。玉米机械化收获是提高玉米生产效率的重要途径，在玉米收获过程中可以一次性完成摘穗、秸秆收获、粉碎、脱粒及清选等环节，对于提高我国农业机械化水平、增加农民收入及促进农业可持续发展具有重要意义。

◆ 知识目标

掌握玉米收获机械的分类和发展；
理解玉米收获机械的原理和应用。

◆ 能力目标

能使用不同玉米收获机械进行玉米收获作业。
能对玉米收获机械的作业效果进行机械调整。
能分析和排除玉米收获机械的故障。

◆ 项目任务

通过对不同类型的玉米收获机械的理论应用，全面掌握玉米机械化收获技术；通过对玉米摘穗、玉米籽粒直接收获和玉米的茎穗兼收等农艺过程与对应收获机的实际运用，系统地掌握几种类型的收获机的作业原理、适应条件和收获特点；详知玉米成熟度与收获机选型之间的关系，收获机作业过程中的调整、故障排除以及收获机作业后的保养、入库存放等技术规程。

项目知识准备

问题 4-0-1：玉米收获机械包括哪几类？

问题 4-0-2：不同收获机械有什么应用特点？

问题 4-0-3：如何使玉米收获机械发挥更好的作用？

项目实施

任务一　选择收获机械

一、任务引入

世界上第一台玉米联合收获机是由澳大利亚人于 1921 年设计的，到 20 世纪 60 年代，国外工业发达国家逐步实现了玉米收获机械化。目前，采用液、机、电相结合的技术，如液压控制的无级变速、电子导向的对行装置，使其性能达到了较高的水平。另外，国外种植方式多为一年一季种植，收获时玉米籽粒含水率很低，大多数国家采用玉米摘穗并直接脱粒的收获方式。如美国的约翰迪尔公司、凯斯公司、德国的道依茨公司生产的玉米联合收获机，绝大部分是在小麦联合收获机上换装玉米割台，并通过调节脱粒滚筒的转速和脱粒间隙的方法，实现玉米果穗的收获与籽粒的直接脱粒。随着我国农机的快速发展，玉米收获机的生产厂家也不断增加，如图 4-1-1 所示。

图 4-1-1　勇猛 4YZ-4K 自走式玉米收获机

❖ 任务描述

我国玉米收获机的研制过程经历了国外样机引进、仿制、改进到消化吸收、自行设计几个阶段，并取得了较好的效果。黑龙江地区地域辽阔、平坦，具有气候寒冷、日照时间短的特点，玉米种植只采用一年一季的方式。东北地区也是我国传统的奶牛养殖基地，玉米茎秆对其畜牧业的发展还具有重要的意义。而另一方面，随着矿物资源的不断紧张，近年来秸秆也被回收,使其成为发电的燃料,供给电厂使用。所以,现在的玉米的收获机械除常规机型外,还发展出了穗茎兼收型玉米收获机。

❖ 任务步骤分解

选择玉米收获机械步骤如图 4-1-2 所示。

图 4-1-2　选择玉米收获机械步骤

二、任务前知识准备

问题 4-1-1:我国玉米收获机械的发展经历了几个阶段?

问题 4-1-2:玉米收获机械有几种型式?

问题 4-1-3:玉米收获机械未来的发展方向是什么?

三、任务实施

❖ 步骤 1:查看玉米成熟情况

问题 4-1-4:玉米的成熟期一般可以分为(　　　　)个阶段,即(　　　　)、(　　　　)和(　　　　)。

问题 4-1-5:(　　　　)是玉米成熟期的第一个发育阶段。

问题 4-1-6:玉米成熟期有哪些特征?

玉米的成熟期一般可以分为三个阶段,即乳熟期、蜡熟期以及完熟期。虽然乳熟期的玉米已经成熟了,但是为了保证玉米的品质,通常不宜马上进行采收,在乳熟期或者蜡熟期采收容易导致玉米籽粒发育不充实,甚至会造成减产,一般只有玉米籽粒的硬度比较大且淀粉含量高的完熟期才能够采收。

1. 玉米成熟期

(1)乳熟期

①乳熟期是玉米成熟期的第一个发育阶段,此时的玉米刚过了发育期,而籽粒也刚进入成熟初期,胚乳呈乳白色糊状。

②通常不宜在乳熟期的时候采收玉米,因为此时玉米粒的含水量比较高且籽粒软嫩(含水量在 50%～70%),再加上植株体内的营养物质依旧需要运输至籽粒中,若此时采收的话,便会导致玉米籽粒发育不充实、灌浆不饱满,甚至会导致减产。

图 4-1-3　成熟玉米

(2)蜡熟期

蜡熟期是玉米成熟期的第二个发育阶段，虽然此时的玉米籽粒中仍有比较多的水分(含水量在 30%～45%)，不过籽粒已经发育得比较饱满，籽粒干重也接近最大值，胚乳呈蜡状，籽粒顶部变硬，玉米果穗苞叶变白。

(3)完熟期

①进入完熟期之后，植株中下部的叶片会变黄，基部叶片变干枯。

②在该阶段，玉米籽粒中的含水量已经比较少了(含水量在 30%左右)，而且籽粒硬度比较大，淀粉含量也高，因此是玉米采收的最佳时期。

2. 玉米成熟期特征

(1)果穗苞叶变黄，而且松散。

(2)籽粒脱水变硬，而且乳线消失。

(3)仔细观察籽粒的基部，通常可以看见黑帽层。

❖ 步骤 2:选定收获方式

问题 4-1-7:我国玉米收获机械收获方式分为哪几类?

问题 4-1-8:用玉米联合收获机，一次完成(　　　)、(　　　)、(　　　)、(　　　)和清选，同时进行秸秆打包或粉碎还田等项作业。

目前我国玉米机械收获方式分为以下几类。

(1)用割晒机将玉米割倒、放铺，经几天晾晒后，籽粒湿度降到 20%～22%，用机械或人工摘穗、剥皮，然后运至场上经晾晒后脱粒，秸秆处理(秸秆打包或粉碎还田)。

(2)用摘穗机在玉米生长状态下进行摘穗(称为站秆摘穗)，然后将果穗运到场上，用剥皮机进行剥皮，经晾晒后脱粒，秸秆处理(秸秆打包或粉碎还田)。

(3)用割晒机将玉米割倒，并放成人字形条铺，装有拾禾器的谷物联合收获机拾禾脱粒，同时秸秆还田或打包。

(4)用谷物联合收获机换装玉米割台,一次完成摘穗、剥皮、脱粒、分离和清选等项作业。

(5)用玉米联合收获机,一次完成摘穗、剥皮、脱粒、分离和清选,同时进行秸秆打包或粉碎还田等项作业。

❖ **步骤3**:选定收获机

问题4-1-9:玉米的收获机械类型分为(　　　　)、(　　　　)、(　　　　)三大类。

问题4-1-10:整秆放铺型玉米收获机其工艺流程为(　　　　)—(　　　　)—(　　　　)—(　　　　)—果穗输送收集,不仅实现果穗的摘取,同时完成茎秆的侧放铺或收集成堆放铺,以便后续对茎秆进行收集。

问题4-1-11:(　　　　)在收获果穗的同时对茎秆进行切碎、收集,保证了茎秆的收获品质,因此属于真正意义上的穗茎兼收型玉米联合收获机。

问题4-1-12:上割台主要由(　　　　)、(　　　　)和(　　　　)等组成。其中(　　　　)是该部分的核心部件,主要完成果穗和茎秆的分离工作。

问题4-1-13:东北地区应用较多的是4YZJ型自走式穗茎兼收型玉米收获机,其结构主要包括由上、下割台组成的(　　　　),进行茎秆调直、输送、切碎和抛送的(　　　　),以及完成果穗输送、剥皮、收集等功能的(　　　　)三部分组成。

问题4-1-14:茎秆切碎装置常分为(　　　　)、(　　　　)、甩刀式和(　　　　)切碎装置。

问题4-1-15:简述秸秆放铺式玉米联合收获机的结构和作业工艺特点。

问题4-1-16:简述适应多种行距的玉米联合收获机采取主动喂入方式,专门解决种植行距杂乱、行距大小参差不齐、玉米收获时植株难喂入问题的具体做法。

针对上述的玉米收获方式,玉米的收获机械类型分为放铺型玉米收获机、摘穗型玉米收获机、玉米籽粒直收机三大类。放铺型分为整秆放铺型玉米收获机、秸秆切碎收集型玉米收获机和秸秆放铺型玉米收获机;摘穗型分为单行悬挂式、多行悬挂式玉米摘穗机和自走式摘穗机及穗茎兼收型玉米收获机;籽粒直收机分为适合多种行距的玉米籽粒收获机和粒茎兼收型玉米联合收获机。

1. 整秆放铺型玉米收获机

此类收获机的工艺流程为分禾—茎夹持—切断茎辊摘穗—茎秆放铺—果穗输送收集,不仅实现果穗的摘取,同时完成茎秆的侧放铺或收集成堆放铺,以便后续对茎秆进行收集。整秆放铺型玉米收获机根据功能要求主要包括用于将待收玉米与其他玉米分开的分禾器、引导茎秆进入夹持链的拨禾链、夹持茎秆进行切割输送的夹持喂入链、用于将已夹持茎秆切断的切割器、促使茎秆转向垂直于摘穗辊的挡禾板、用于摘除果穗的摘穗辊、将摘下果穗送往剥苞叶装置的第一升运器、将剥皮后的果穗送往果穗收集箱或拖车的第二升运器、实现茎秆侧向放铺的茎秆放铺装置、用于剥除果穗苞叶的剥苞叶装置以及将剥下苞叶排出机外的苞叶螺旋输送器和用于收集剥除苞叶过程中掉落籽粒的籽粒回收装置，其具体结构如图 4-1-4 所示。

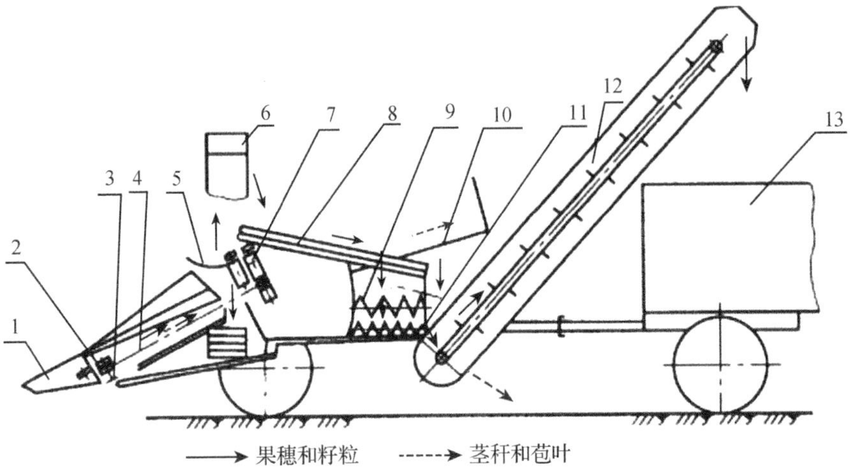

图 4-1-4　整秆放铺型玉米收获机示意图

1. 分禾器　2. 拨禾链　3. 切割器　4. 夹持喂入链　5. 挡禾板　6. 第一升运器　7. 摘穗辊　8. 剥苞叶装置　9. 苞叶螺旋输送器　10. 放铺装置　11. 籽粒回收装置　12. 第二升运器　13. 拖车

该机型结构比较简单，由于采用立辊摘穗方式，摘穗过程的啃穗较少，保证了果穗的收获品质；秸秆收获过程避免了茎秆与土壤的接触(切断输送)，可以保证茎秆作饲料的适口性。但是由于立辊摘穗经常出现茎秆被拉断的问题，所以摘下的果穗含杂率较高，对后续的输送和苞叶剥除影响较大，严重时会出现堵塞，阻断收获机的正常工作。另外，虽然茎秆被切断放铺在田间，但是遇到阴雨天气或茎秆收集不及时会增加茎秆腐烂的风险；同时由于整秆收集存在工作量大、劳动成本高的问题，也影响了这种类型收获机的使用。

2. 秸秆切碎收集型玉米收获机

茎秆切碎收集型玉米收获机在收获果穗的同时对茎秆进行切碎、收集，保证了茎秆的收获品质，属于真正意义上的穗茎兼收型玉米联合收获机。该机型是为了满足畜牧业对青贮饲料的需要、解决茎秆焚烧造成的空气污染问题而发展起来的一种机型，其工艺流程如图 4-1-5 所示。

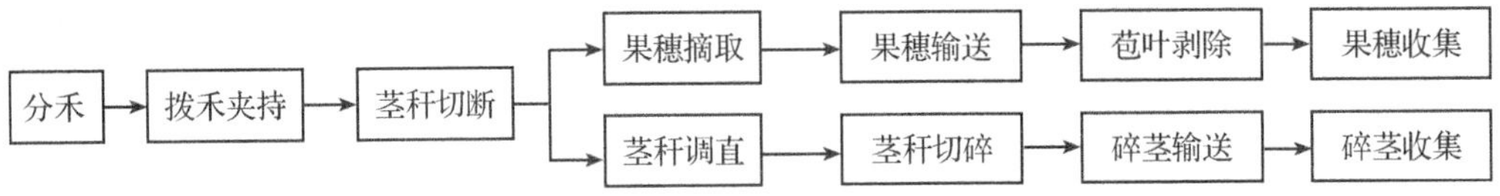

图 4-1-5　秸秆切碎收集型玉米收获机工艺流程

由图 4-1-5 可以看出，秸秆切碎收集型玉米收获机是在切断的基础上，对果穗和茎秆分别处理，其中果穗经过摘取、输送、剥皮最后收集、装箱，而茎秆经过切断后对其首先进行调直，然后切碎、输送，最后收集起来，完成茎秆、果穗的同时收获。

东北地区应用较多的是 4YZJ 型自走式穗茎兼收型玉米收获机，其结构主要包括由上、下割台组成的复式割台，进行茎秆调直、输送、切碎和抛送的收集装置，以及完成果穗输送、剥皮、收集等功能的果穗收获装置，其具体结构如图 4-1-6 所示。

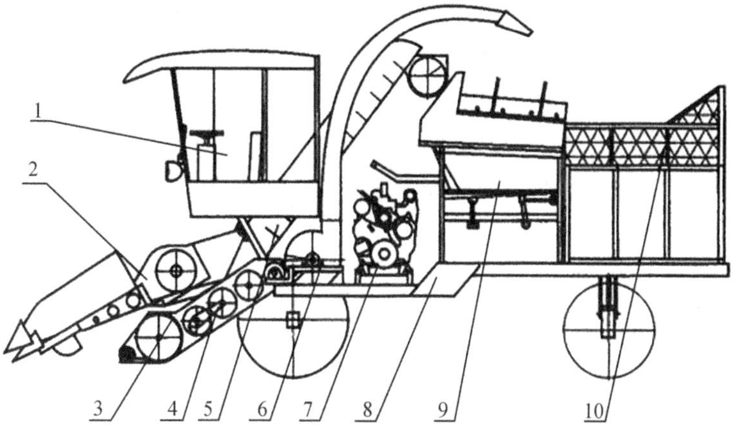

图 4-1-6　4YZJ 型自走式穗茎兼收型玉米收获机

1. 驾驶室　2. 上割台　3. 下割台　4. 喂入装置　5. 果穗升运器　6. 切碎器　7. 发动机　8. 底盘　9. 剥皮机　10. 粮箱

(1)上割台

上割台主要由分禾器、摘穗装置和护罩等组成。其中摘穗装置是该部分的核心部件，主要完成果穗和茎秆的分离工作。

目前摘穗装置按结构可分为卧式摘穗辊、立式摘穗辊、横卧式摘穗辊和摘穗板四种形式。4YZJ 型自走式穗茎兼收型玉米收获机采用的摘穗板-拉茎辊组合式摘穗装置即属摘穗板式，主要包括一对纵向斜置式拉茎辊、摘穗板和带拨齿的喂入链等，其结构如图 4-1-7 所示。其中拉茎辊一般由前、后两段组成，前段为带螺纹的锥体，主要起引导和辅助茎秆喂入作用；后段为拉茎辊，其断面形状有四叶轮形、四棱形、六棱形等几种，本机采用六棱形拉茎辊，以加强对茎秆的夹持和拉引作用。摘穗板位于拉茎辊上方，工作长度与拉茎辊相同。摘穗板的边缘为圆弧形，以减少对果穗的挤伤。

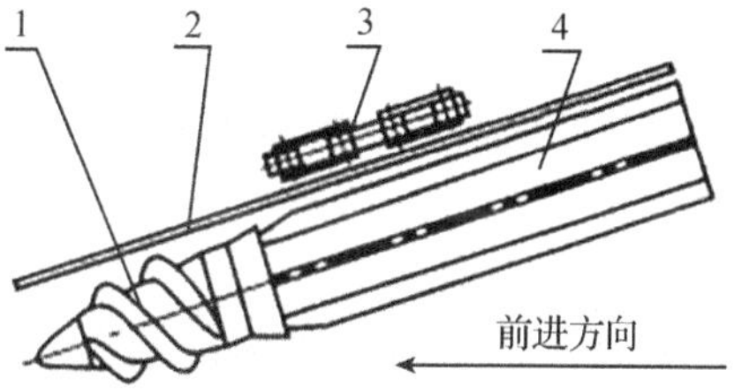

图 4-1-7　摘穗板-拉茎辊组合式摘穗装置

1. 导锥　2. 摘穗板　3. 拨禾链　4. 拉茎辊

(2)下割台

下割台目前有两种结构形式，一种为采用类似谷物收获机割台切割器结构的往复刀式结构，往复刀 1 对茎进行不对行切断，然后由链扒式输送器 2 将切断并摘除果穗的茎秆向后输送，最后由横向输送搅龙 3 将输送器 2 送来的茎秆进行汇集，并实现横向输送，以便对其进行切碎处理，其结构如图 4-1-8 所示。

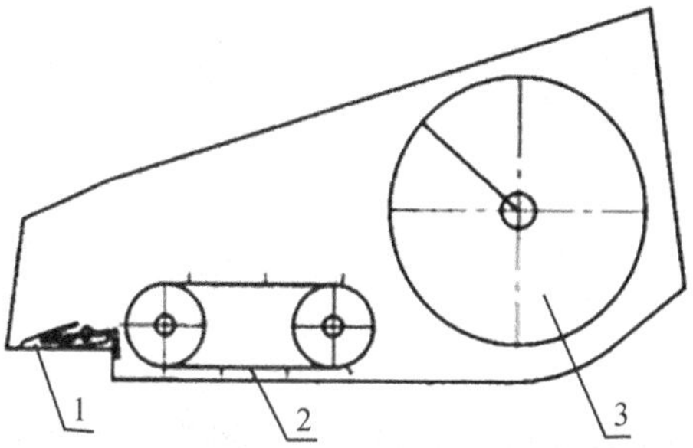

图 4-1-8　穗茎兼收型玉米收获机下割台 1

1. 往复刀　2. 输送器　3. 横向输送搅龙

另一种下割台为滚刀式割台，其结构如图 4-1-9 所示。主要包括滚刀 1、横向输送搅龙 2 和茎秆调直(有的也叫茎秆输送)装置 3。其中滚刀 1 用于不对行收获过程对茎秆的切断，横向输送搅龙 2 用于将切断的茎秆横向输送、汇集，当茎秆达到调直装置入口处时，由横向输送搅龙 2 上的打板将其向后抛送，进而由茎秆调直装置 3 对茎秆抓取、调直并向后输送，准备对其进行切碎处理。

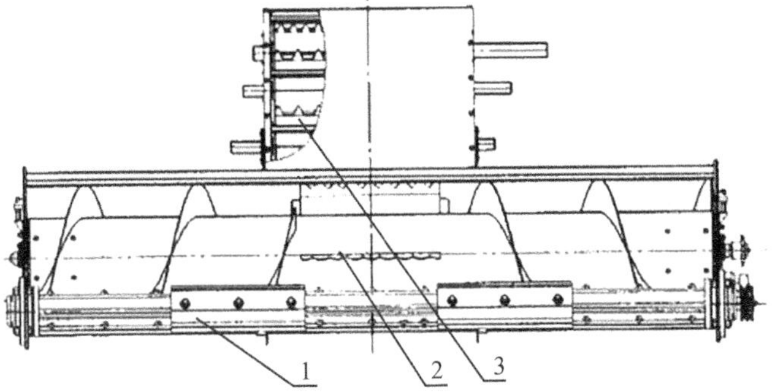

图 4-1-9　穗茎兼收型玉米收获机下割台 2

1. 滚刀　2. 横向输送搅龙　3. 茎秆调直装置

(3)分禾器

每一组摘穗装置都配有左、右分禾器，分别连接在工作台机架上，与左、右罩板组成一个引导玉米植株进入摘穗辊/拉茎辊的通道，配合拨禾链一起将玉米植株导入摘穗辊/拉茎辊(或摘穗板)。

分禾器还具有将倒伏、歪斜的玉米植株扶起、拨正的功能，使植株能顺利导入夹持输送装置或摘穗装置。分禾装置的尖部需贴近地面，能扶起茎秆，使茎秆沿分禾器表面扶起而不推、不挂茎秆。

(4)茎秆输送装置

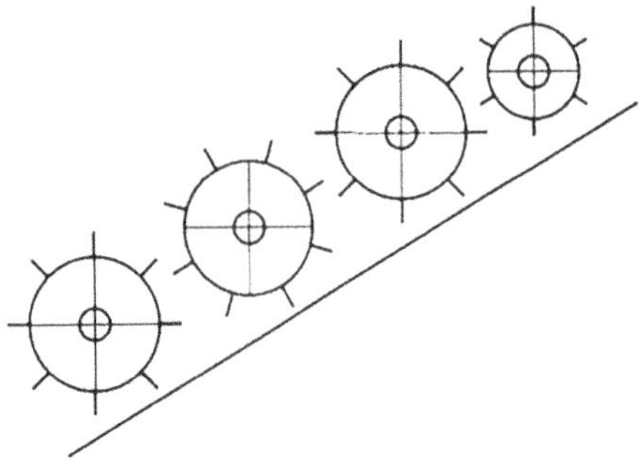

图 4-1-10　喂入辊布置

茎秆输送装置主要完成将横向输送搅龙送来的杂乱茎秆调直后向后输送的功能。对于穗茎兼收型玉米收获机，茎秆输送装置性能的好坏直接影响其后的茎秆切碎效果，故目前多采用单排多辊结构，其结构如图 4-1-10 所示。第一个喂入辊采用浮动结构，使其可根据喂入量的多少自动调节喂入辊与底板的间隙，不仅保证茎秆的稳定喂入，而且可以避免堵塞问题的发生。4 个喂入的齿条结构略有变化，由前向后尖齿逐渐向平齿变化，以适应不同阶段对茎秆的抓取松脱的需要。

另外，在茎秆输送过程，为了使茎秆处于垂直于切碎刀刃口方向，4 个喂入辊的线速度梯次递增，实现对秸秆输送过程的自动调直，为改善秸秆的切碎质量创造条件。

(5)茎秆切碎装置

由于该穗茎兼收型玉米收获机所收获的茎秆主要作畜牧饲料，所以切碎长度是茎秆切碎装置的重要评价指标之一。茎秆切碎装置常分为水平滚筒式、盘刀式、甩刀式和立辊刀式。这里以水平滚筒式茎秆切碎装置为例进行说明。该装置结构如图 4-1-11 所示，由滚筒轴、动刀托架、动刀盘和动刀组成。

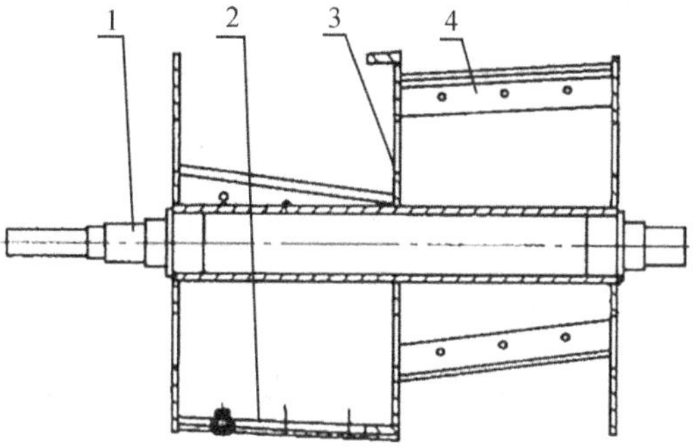

图 4-1-11 水平滚筒式切碎装置

1. 滚筒轴 2. 动刀托架 3. 动刀盘 4. 动刀

工作时，由动静刀配合对茎秆进行切碎，进而由滚筒上的打板将切碎的茎秆甩出切碎滚筒，由打板和动刀产生的高速气流将其通过抛扬筒送出机外，并抛洒在机器一侧的拖车内。为了确保茎秆的切碎质量，一般动、静小片之间的间隙可调，调整范围 0.25～1 mm；切碎长度可以通过改变滚筒式茎秆切碎装置的转速来改变，以满足不同用户对茎秆切碎长度的要求。

为了简化动、静刀片的结构，其刃口一般采用平直结构；考虑茎秆切碎过程的动力消耗比较大，为了选择滑切方式进行茎秆切碎，将动刀片安装为与滚筒轴线偏斜一个夹角的圆周表面；又为了防止倾斜动刀带来的轴向附加力，动刀采用分段对置结构，以自平衡左、右动刀带来的轴向力问题，延长轴承的寿命。

(6)其他装置

穗茎兼收型玉米收获机不仅要收获茎秆，而且必须对果穗进行收获，所以该机还有用于果穗输送的输送装置、果穗剥皮装置、果穗收集装置等，这些装置的结构与前文的整秆放铺型玉米收获机结构相似。

根据该机的结构可以看出，穗茎兼收型玉米收获机具有如下特点。

①可以完成果穗、茎秆的一次收获，减少了机器的作业环节，实现了功能的有效组合，提高了收获机的作业效率。

②茎秆收获并切碎收集，防止了茎与土壤的二次接触，有效保证了饲料的适口性。

③茎秆收获过程一次完成茎秆的切断、输送、切碎和收集，使得收获后的茎秆可以直接发酵，有效减少了茎秆营养成分的损失。

④茎秆切碎装置采用滑切方式进行茎秆切碎，且动刀采用分段、对置结构进行布置，有效减少了切割过程的轴向力，降低了茎秆切碎过程的动力消耗，平衡了切碎过程的轴向力，延长了轴承的寿命。

该机型存在的不足主要表现为：由于收获台分为上、下两个割台，使得机器的头部更重，重心前移；同时，由于前部为双层割台，中部又增加了茎秆切碎装置，所以使得机器的纵向尺寸较大，导致机器的回转半径也较大，不利于小地块的茎秆、果穗收获。

3. 秸秆放铺型玉米收获机

玉米秸秆除作为畜牧饲料的原料外，还可用作有机燃料替代无机矿物燃料作为发电的生物燃料，提高茎秆的经济效益，于是出现了秸秆放铺型玉米收获机。

秸秆放铺型玉米收获机主要有 4YW-2 型小型玉米收割机、4YWX-2 型秸秆调直放铺式玉米收获机以及 4YZ-4 型秸秆放铺式玉米联合收获机等类型，但其工艺流程基本类似。这里以 4YZ 型秸秆放铺式玉米联合收获机为例进行介绍，其作业的工艺流程如图 4-1-12 所示。

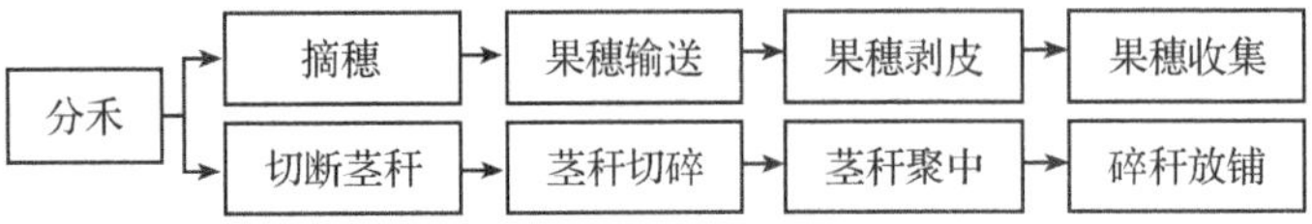

图 4-1-12　4YZ 型秸秆放铺式玉米联合收获机作业工艺流程

该机主要完成玉米果穗的收获和茎秆的切碎放铺，茎秆被切碎后成条放铺在田间后，需要带有捡拾器的作业机械对其捡拾、打捆，完成后续的茎秆收集作业。

秸秆放铺式玉米联合收获机主要完成玉米果穗的收集与茎秆的切碎、成条放铺，其结构如图 4-1-13 所示，即该机主要由摘穗台 11、行走装置 8、放铺装置 7、果穗前、后升运器 2,5、剥皮装置 4、籽粒回收装置 10 等组成。摘穗台、升运器、剥皮装置与前述机型类似。

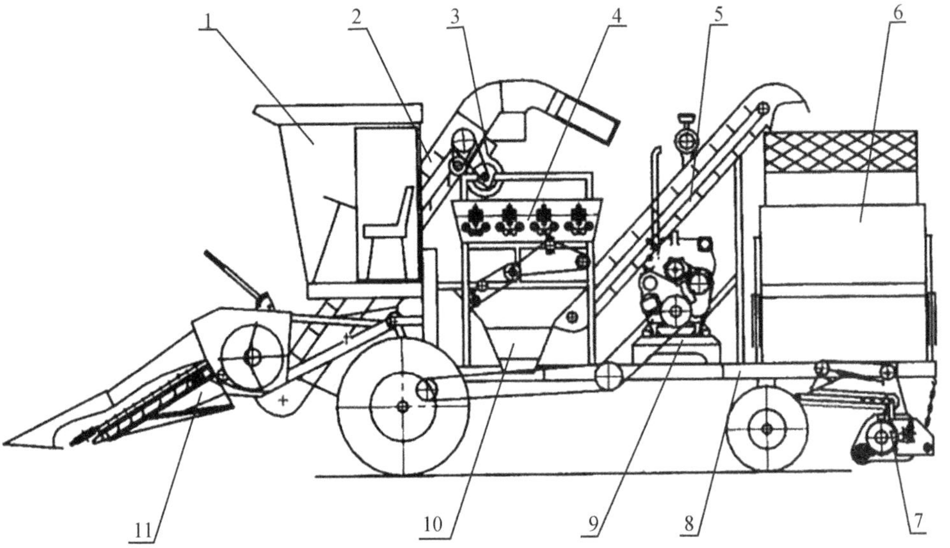

图 4-1-13　4YZ 型秸秆放铺式玉米联合收获机示意图

1. 驾驶室　2. 前升运器　3. 风机　4. 剥皮装置　5. 后升运器　6. 果穗箱　7. 秸秆放铺装置　8. 行走装置　9. 柴油发动机　10. 籽粒回收装置　11. 摘穗台

(1)秸秆切断放铺装置的结构组成

该秸秆切断放铺装置主要由铺放器壳体、滚刀 1、螺旋输送搅龙 2、机架 3、压辊 4 等组成，如图 4-1-14 所示。工作时秸秆首先由逆向旋转的滚刀 1 从其根部切断，并甩向紧跟其后的螺旋输送搅龙 2 内；在秸秆向后的抛送过程，由于滚刀 1 的逆向旋转，可以将滑落地表的秸秆不断捡起，并实现多次切断，使其长度适于打捆。接着切后的秸秆被两端反向螺旋的搅龙 2 输送，实现秸秆的聚中汇集；当秸秆输送到抛送口位置时，由搅龙 2 轴上的径向打板向后抛送，从铺放器的后窗抛出，从而避免了秸秆在此处堆积、堵塞；为了防止抛出的茎秆被风吹散，抛出后立即用压辊 4 对其进行压实，完成秸秆的压实、成条放铺，便于后续的捡拾作业。

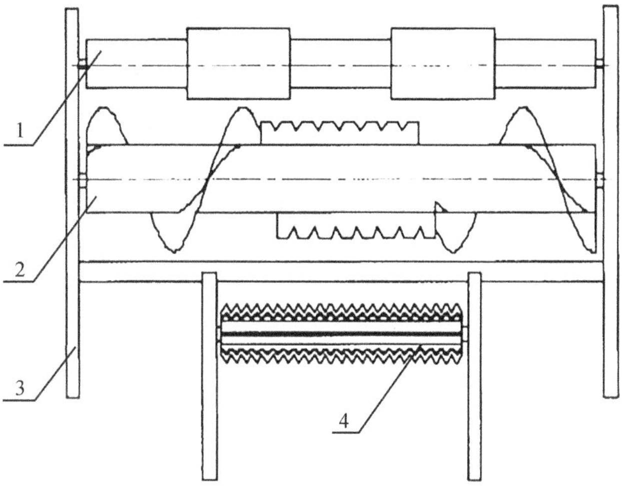

图 4-1-14 秸秆切断放铺装置结构示意图

1. 滚刀 2. 螺旋输送搅龙 3. 机架 4. 压辊

(2)秸秆切断放铺装置的挂接方式

秸秆放铺式玉米联合收获机的整机结构与前文的整秆放铺式玉米收获机结构类似，其割台相对较重，且悬置于整机前方，而秸秆切断放铺装置置于机器的后方，有效改善了整机的载荷分布，优化了整机的布局结构，其连接关系如图 4-1-15 所示。

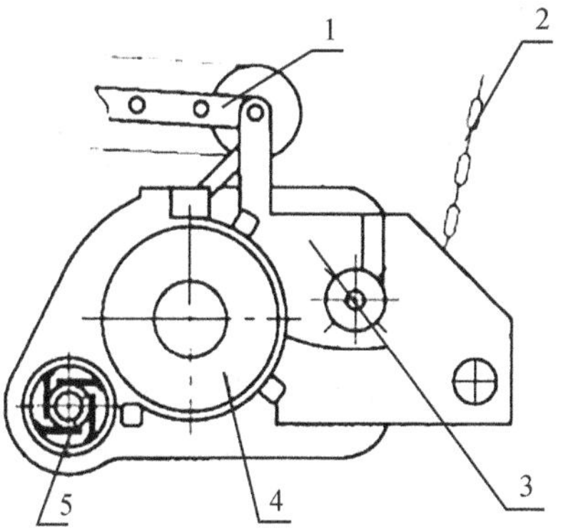

图 4-1-15 秸秆切断放铺装置的挂接形式

1. 悬挂机构 2. 安全链 3. 壳体 4. 搅龙 5. 滚刀组件

整个秸秆切断放铺装置采用悬挂机构直接连接于收获机底盘的后方，后部由安全链 2 挂接，秸秆切断放铺装置与地面的间隙可以通过改变安全链的长度来调节。而其工作状态的改变完全由液压系统控制，即在收获机处于非工作状态时，液压缸的活塞回缩，使得秸秆切断放铺装置前移，从而远离地表；当处于工作状态时，则液压缸的活塞伸出，使得秸秆切断放铺装置后移，从而接近地表。

根据秸秆放铺式玉米联合收获机的结构和作业工艺，该机有 4 个特点。

①一次作业，可以同时完成果穗收获和秸的切断、聚拢、成条铺放和压实，实现了多功能的联合作业。

②玉米茎秆采用了分组、错位组合的滚刀式切断方式，功率消耗较小，且冲击、振动得到有效的控制。

③玉米茎被切断成适合打捆长度，既防止了茎秆过度切断造成的功率消耗，也确保了后续打捆的长度需要；同时由于压辊对切断茎秆的压实作用，提高秸秆成条铺放的效果，利于后续捡拾打捆机进行捡拾、打捆作业。

④秸秆粉碎放铺装置位于收获机底盘的后方，有效平衡了整机的载荷分布，优化了整机结构。

4. 摘穗棍式单行玉米收获机

该类型的收获机大多为悬挂式，配套动力为 11～14.7 kW 的小四轮拖拉机。均采用辊式摘穗机构，置于拖拉机右侧，一次可以完成玉米的摘穗、集箱和秸秆粉碎等作业。该类型的收获机结构简单，可靠性比较高，而且价格低廉，相对效率不高。

5. 多行悬挂式玉米收获机

该机型与 36.8～58.8 kW 的大中型轮式拖拉机配套，大部分机型采用辊式摘穗机构，也有部分机型采用板式摘穗机构。可一次完成多行玉米的摘穗、果穗集箱、秸秆粉碎处理等作业，部分机具还具有剥皮和穗茎回收功能。目前市场上推广的二行、三行悬挂机是主导机型，如图 4-1-16 所示。

图 4-1-16　多行悬挂式玉米收获机

6. 多行自走式玉米联合收获机

该型号的机具大多采用板式摘穗机构，具有籽粒损失小、动力匹配合理、机动灵活等优点，适应性和可靠性比其他机型强。该机可一次完成多行玉米的摘穗、果穗集箱、茎秆回收或秸秆粉碎处理作业（图 4-1-17）。

7. 玉米割台

该种机型是与现有的小麦联合收获机相匹配，其目的是提高机具的利用率，一机多用，实

图 4-1-17　多行自走式玉米联合收获机

现节本增效。目前有两种机型:第一种是收穗型玉米割台,在小麦联合收割机上换装的割台,既可以收小麦,也可以收玉米穗,两者互不影响;收玉米时,可实现摘穗、输送、集箱和秸秆粉碎还田等作业。第二种是脱粒型玉米割台,在约翰迪尔系列谷物收获机上换装割台,既可以收小麦,也可以收玉米直接脱粒,两者互不影响;收玉米时,可实现摘穗、输送、脱粒集箱和秸秆粉碎还田等作业。

8. 适应多种行距的玉米联合收获机

该种机型适合土地经营规模小,农户之间的种植行距不等的情况。这种机型就是采取主动喂入方式,专门解决种植行距杂乱、行距大小参差不齐、玉米收获时植株难喂入问题。具体方法为:一是通过扶禾器向前方延伸,在两扶禾器间形成"V"形喂入口,玉米植株进入两扶禾器尖中间后,随着收获机前进,玉米茎秆首先与拨禾指接触,在拨禾指的强制作用下向后运动,而不是向前倾倒,从而完成喂入。二是采用扶禾器加拨禾指组合式喂入机构,适宜多种行距规格的玉米收获,扶禾器向内侧、后方拨禾输送,拨禾指扶持茎秆并向后方拨送,防止向前推倒茎秆,两者相互协调、配合实现收获。三是适应多种行距的无链式分禾输送、摘穗技术。这种喂入方式在较窄行距玉米的收获时适应性大大增强(图 4-1-18)。

9. 大型高效玉米联合收获机

目前,随着玉米种植面积的增大,大地块玉米播种情况增多,这就要求玉米的收获机械向大型高效的方向发展,市场上出现了多种多行高效的摘穗式和籽粒直收型联合收获机。如新疆机械研究院研制生产的 8 行玉米联合收获机(图 4-1-19)、约翰迪尔公司生产的 16 行玉米籽粒联合收获机(图 4-1-20)等。

随着科技的不断发展,玉米收获机械化技术已经能针对不同的玉米收获地区,研发出了高效、大功率、宽割幅、大喂入量、高清洁度、籽粒低破碎率以及电子技术、导航技术、遥感技术和地理信息系统等先进技术相结合的智能化玉米收获机型。将玉米收获机械化技术逐渐向智能化靠拢,解决制约玉米机械化收获发展的关键技术,大幅提高玉米种植经济效益,为农民增收和产业技术升级提供可靠的保障。

图 4-1-18　多行距玉米联合收割机

图 4-1-19　新疆产 8 行玉米联合收获机

图 4-1-20　约翰迪尔公司生产的 16 行玉米联合收获机

四、任务总结评价

➢ 任务完成清单

班级：　　　　　姓名：　　　　　学号：

任务一　选择收获机械任务完成清单								
序号	选择玉米收获机械	是否完成	完成日期	资源学习（资源序号）	是否完成	完成日期	是否存在疑问	是否解决
1								
2								
3								
4								
5								
6								
7								
8								
9								
10								
11								
12								
13								
14								
15								
学生签名：				指导教师签名：				
任务完成情况自评：（　A　B　C　D　E　）				任务完成情况教师评价（　A　B　C　D　E　）				

说明：等级评价为 A、B、C、D、E 五级，在评价的等级符号上圈圆

➢ 任务评价

班级：　　　　姓名：　　　　学号：

任务一　选择收获机械任务完成评价单		
评价内容	评价要素	等级评价
信息检索	有效利用网络资源，工作手册查找有效信息	
	能够有条理地解释、表达所学的知识及技能	
	能将检索的信息进行有效转换	
感知工作	熟悉专业、认同职业工作价值	
	在任务完成中收获成就感	
参与状态	能够尊重教师、同学，达成相互理解	
	能够与教师、同学之间保持多向、丰富、适宜的信息交流	
	探究学习，具备一定自主学习能力，善于处理好合作学习和独立思考的关系，做到有效学习	
	能提出有意义的问题或能发表个人见解；能按要求正确实施操作；能够倾听、协作分享	
	积极参与任务，在学习与工作过程中不断学习，综合运用信息技术的能力获得提高	
学习方法	工作计划、操作技能是否符合规范要求	
	是否获得进一步发展的能力	
工作过程	遵守任务操作规程，操作过程符合任务实施管理要求	
	上课出勤情况，任务完成情况	
	能多角度主动发现问题，提出有价值的问题	
思维状态	善于提出问题、分析问题、解决问题；创新意识	
	按时按质完成任务	
自评反馈	较好地掌握专业知识点、技能点	
	具有较强的信息分析能力和理解能力	
	具有较为全面严谨的思维能力，并能条理清晰地表述成文	
任务完成中自我成功小故事描述		

说明：等级评价为 A、B、C、D、E 五级

➢ 任务完成过程收获总结

时间：　　年　　月　　日　　班级：　　　姓名：　　　学号：　　　教师评级等级：

说明：任务完成收获主要总结表述在完成过程中学习收获，要阐述清楚有益的经验和做法，字数≥300字，并制作PPT报告，教师评价等级为A、B、C、D、E五级，综合评价文本总结报告、PPT报告两部分内容

任务二　玉米收获作业

一、任务引入

玉米的收获是玉米生产过程中最为复杂的工艺过程，在确定了玉米的收获方式和收获机后，还需要考虑玉米的成熟度、土地和环境、收获机自动化控制等因素，以更好地适应不同环境下的收获作业需求，提高农业生产效率和质量。

❖ 任务描述

在实施玉米收获作业时，首先要掌握摘穗型和籽粒型收获机的工作原理、结构和功能，熟悉籽粒型收获机收获作业的步骤和过程，包括从机器的准备工作（如更换零件或调整设置）到实际收获作业的每一步。同时还需要了解收获作业的注意事项和要求、机械的保养封存等，以确保达到预期的效果。

❖ 任务步骤分解

玉米收获机作业主要包括四个方面，如图 4-2-1 所示。

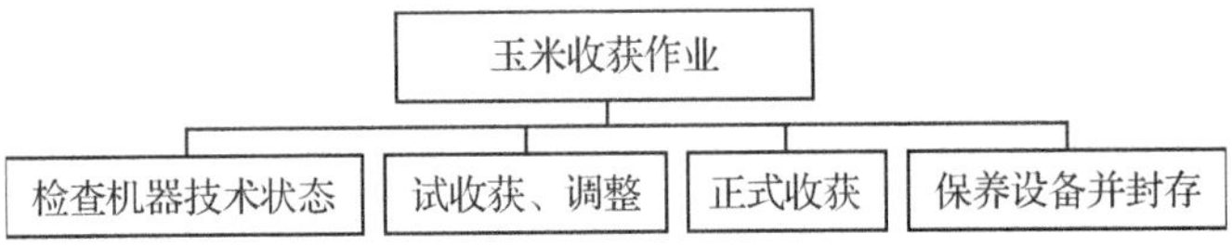

图 4-2-1　玉米收获作业步骤

二、任务前知识准备

问题 4-2-1：摘穗型收获机收获作业的步骤和过程是什么？

问题 4-2-2：籽粒型收获机收获作业的步骤和过程是什么？

问题 4-2-3：玉米收获包括哪些过程？

问题 4-2-4：如何对收获设备进行保养？

三、任务实施

❖ 步骤 1：检查收获机的技术状态（摘穗与籽粒两种类型收获机）

问题 4-2-5：玉米收获机主要有几部分组成？

问题 4-2-6：简述摘穗型收获机工作原理。

问题 4-2-7：简述籽粒型收获机工作原理。

问题 4-2-8：籽粒回收装置主要由（　　　　）、（　　　　）、（　　　　）、（　　　　）、（　　　　）、（　　　　）、（　　　　）和（　　　　）组成。

（一）摘穗型收获机

1. 工作原理

玉米收获机顺着玉米植株行向前行走。玉米茎秆依靠分禾器、拨禾链引导进入摘穗台摘穗导槽，由拨禾链拨进摘穗辊后，茎秆被相对旋转的摘穗辊抓取，果穗经拉引而摘下（图 4-2-2）。被摘下的果穗在拨禾齿的拨动下进入搅龙壳体，在搅龙叶片的作用下集向中间，再由拨板拨至升运器内，由升运器刮板送至粮仓。割台摘穗时折断的秸秆，在升运器尾部放置的排茎辊作用下进入二次切碎机，粉碎后抛至仓外还田；碎叶在风机的作用下也吹到仓外还田。割台摘穗后的秸秆被秸秆粉碎机粉碎后直接抛撒还田。粮仓收集满后，机手操纵卸粮手柄，使粮仓翻转卸粮，果穗可卸至运输车上，也可直接卸到地上。

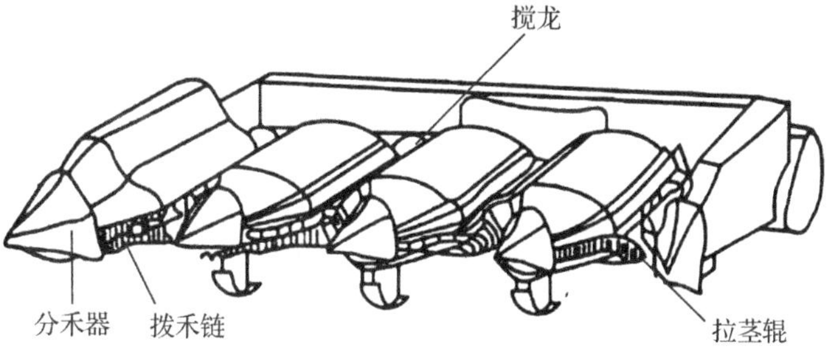

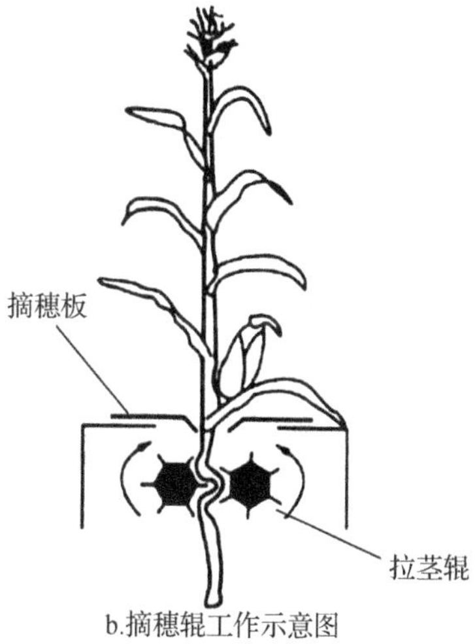

图 4-2-2　玉米收获机的摘穗

摘穗台配置在机器前方，摘穗装置是其主要工作部件之一，由分禾器、扶禾杆、拨禾链和摘穗辊等组成。分禾器、扶禾杆、拨禾链配合使用，可扶起轻微倒伏的玉米茎秆并引导其顺利进入摘穗辊，以防漏摘、掉穗。摘穗辊设计独特，能减轻摘穗过程中对果穗根部的啃噬，减少落粒损失。

强制拨禾喂入方式和扶禾杆配合的摘穗机构，实现了在收获机摘穗台割幅范围内任意种植行距的玉米收获作业，解决了玉米收获必须对行的技术难题，适应性提高。

2. 主要部件

摘穗型玉米收获机的主要部件有：割台、底盘、驾驶台、升运器、动力部分、秸秆粉碎机、粮仓、液压系统、电器控制系统等。如图 4-2-3 所示。

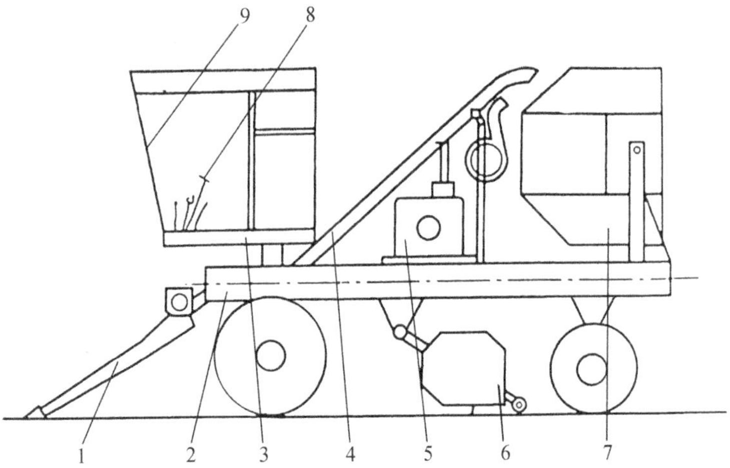

图 4-2-3　玉米摘穗型收获机结构示意图

1. 割台　2. 底盘　3. 驾驶台　4. 升运器　5. 动力部分　6. 粉碎机
7. 粮仓　8. 液压系统　9. 电器控制系统

(1)割台　是玉米收获机最主要的工作机构，由它完成玉米的摘穗、玉米穗与割台的分离、向升运器的输送、工作区与非工作区的行间分离等工作。割台工作部件工作状态调整是否得当，直接影响玉米收获机的收获质量及收获效率。割台工作部件的调整和保养应受到机手的重视。

割台部分包括悬挂架、摘穗台、搅龙输送器等。摘穗台位于收获机的前部，由液压油缸控制其升降。摘穗台是收获机的核心装置，它的主要功能是将果穗摘下，并通过螺旋输送器将果穗推送至升运器。摘穗台由摘穗台架、变速箱、螺旋输送器、摘穗辊及其他传动部分组成。

(2)底盘　包括前驱动桥总成、转向桥总成、行走变速箱。

底盘部分是整个玉米收获机的载体，它将玉米收获机上的所有机构连为一体，并承载所有机构一起行走，实现机具的行进、变速、转向。

(3)驾驶台　包括方向机总成、变速操纵系统、转梯、油门控制机构、制动系统、驾驶室等。驾驶台是机手工作的地方，机手在此操纵各个系统可完成玉米收获机所有的工作，实现连续作业。

(4)升运器　包括主动轴装配总成、从动轴装配总成、中间传动轴装配总成、升运器刮板链条、壳体、风机总成、排茎辊及二次切碎机构。

升运器是果穗的输送机构。从割台上摘下的玉米果穗，由搅龙叶片抛送到升运器。刮板链条将果穗均匀送至粮仓。割台摘穗时折断的秸秆及碎叶在升运器的作用下送至尾部，碎叶由风机吹至仓外，断秸秆在排茎辊抓取下送至二次切碎装置，粉碎后抛出粮仓，这样可保证仓内果穗的清洁。

(5)动力部分　包括发动机、主离合器、水箱、散热器、发动机连接架、空滤器总成。发动机是玉米收获机的动力源，玉米收获机所有机构的运动、运行均由发动机提供动力。4Y-3 型玉米收获机的发动机为双向动力输出机构，即发动机主离合器带动八槽带轮工作，实现割台、升运器、粉碎机的工作；发动机后端输出实现玉米收获机的行走。

双向动力输出机构将工作部件动力与行走动力分开，方便了机具的操作，使机具传动结构简单。尤其是因主离合器出现大的故障停止工作时，机组仍能正常行走，便于进行异地维修。这是单向动力输出的收获机不能做到的。

(6)秸秆粉碎机 包括连接架、变速箱、壳体、动刀轴、地辊、挡泥板、传动护罩、升降臂。粉碎机将摘穗后的秸秆直接粉碎后还田。粉碎机在液压油缸的控制下完成升降，实现工作与转移。地辊控制留茬的高度，且对粉碎还田后的地块进行镇压保墒。

(7)粮仓 是果穗的储藏处。粮仓满后，机手操纵卸粮手柄，可实现粮仓后翻转卸粮。粮仓可向普通机动三轮、五轮车、拖拉机卸粮，也可直接卸在地上。

(8)液压系统 包括液压泵、转向器、单稳阀、多路阀、液压缸、液压油箱、液压管路。液压系统保证玉米收获机转向、割台升降、主离合器的结合与分离、行走高低速转换、粉碎机的升降、粮仓的翻转及复位等动作的完成。

(9)电器控制系统 包括蓄电池、线束、继电器、仪表盘总成、灯具、喇叭、电源总闸、用电器开关等。电气系统完成玉米收获机的启动、照明、转向等工作。

(二)籽粒型收获机

1. 工作原理

玉米籽粒型收获机主要由割台、输送器、脱粒系统、清选分离系统、风机、秸秆处理系统和行走系统等组成。其工作原理是通过行走系统将站立和倒伏玉米茎逐渐拔进到收割机的割台内，使割台上的刀片将玉米割下并送入输送器，然后经过脱粒系统脱粒后，由清选分离系统分离出带杂余的籽粒和秸秆、杂草等，杂余的籽粒经清选装置清选出干净籽粒进入储粮仓；秸秆和杂草以及被风机吹出来的杂余经秸秆处理系统处理后撒回田间。

玉米籽粒收获机的结构组成如图 4-2-4 所示。

2. 主要部件

(1)割台 是在收获机最前端的相对独立部件，主要由扶禾装置、拔禾链、切割装置、集料绞笼和传动系统以及外罩等部分组成。扶禾装置配合拔禾链使玉米茎穗倒向集料绞笼，同时切割装置切断玉米茎秆后，集料绞笼把玉米茎秆向中间集中并输送给中间输送器。

(2)中间输送器 相当于过桥，主要是把集料绞笼输送来的茎穗穿过驾驶室底部输送并喂入脱粒室。

(3)脱粒系统 由喂入装置、脱粒滚筒和分离凹板等组成，玉米秸秆和玉米穗被中间输送器送来后由喂入装置喂入脱粒滚筒，在高速旋转的脱粒滚筒表面，被滚筒上的柱齿反复击打、功割，迅速分解成籽粒、粒糠、碎茎和长茎秆。籽粒、粒糠和碎茎秆从分离凹板的孔隙中落入清选分离系统的抖动筛上；长茎秆落入秸秆处理装置中。

(4)清选分离系统 从分离凹板落下来的籽粒、粒糠和碎茎秆在上、下筛的抖动下在上筛的上面分离出体积大于籽粒的茎秆和玉米穗芯，同脱粒滚筒排出的长茎秆一同进行秸秆处理装置中；上、下筛中间是干净的籽粒，籽粒输送装置输送给储粮仓；下筛漏下的小于玉米籽粒的杂余，直接落回到田里。

(5)秸秆处理系统 用途是根据农艺要求将秸秆粉碎到规定的长度，并均匀地撒到田地上。

在使用玉米籽粒收获机收获前，根据具体地块的实际情况和玉米的成熟程度以及种植户的要求来选择玉米收获机。

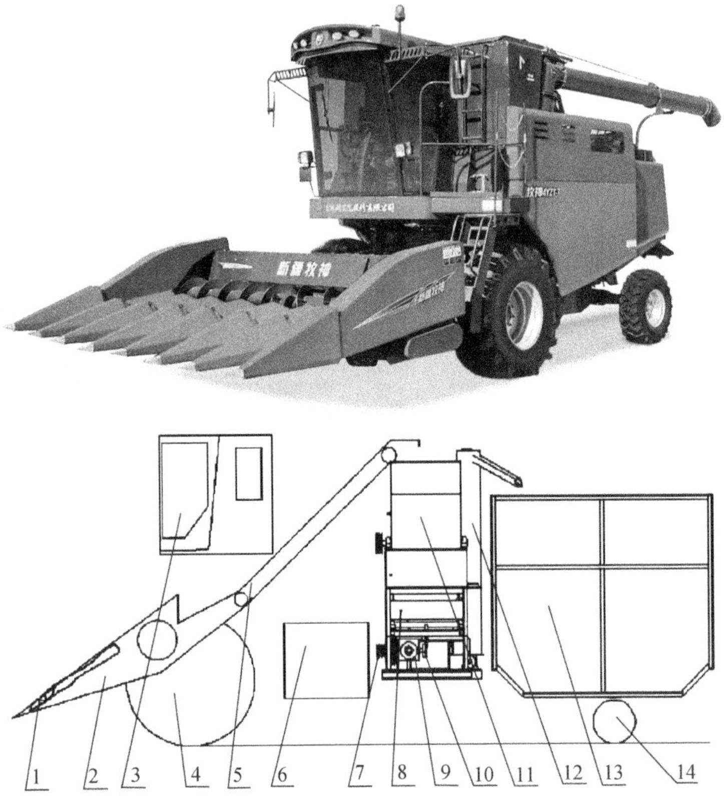

图 4-2-4　玉米籽粒型收获机及其结构示意图

1. 扶禾装置　2. 割台　3. 驾驶室　4. 行走驱动轮　5. 中间输送器　6. 柴油发动机及变速箱　7 无级变速 v 带轮　8. 抖动筛　9. 脱粒装置变速箱　10. 偏心轮　11. 脱粒系统　12. 螺旋输送器　13. 储粮仓　14. 转向轮

❖ **步骤 2：**试收获、再调整

问题 4-2-9：试运转前的检查事项有哪些？

问题 4-2-10：摘穗机构的调整包含（　　　　　）和（　　　　　）。

问题 4-2-11：再调整包含的内容有哪些？

(一)试运转、操作

收获机在正式投入作业前，要先试运转，检查整台机器的各个工作机构，确保机器处于良好状态。

1. 试运转前的检查

(1)检查各部位轴承及在轴上高速转动的部件(如摘穗台、搅龙、升运器、切碎装置、剥皮装置、中间轴、动力输出轴等)的安装情况是否正常。

(2)检查传动带和链条的张紧度是否符合要求。

2. 启动发动机

(1)在启动发动机前，人工转动机器，用36#套头扳手扣紧传动箱轴头上六棱处转动，确定无卡碰现象时，分离发动机离合器，变速杆放在空挡位置，拉紧手刹制动。而后启动发动机。

(2)启动发动机前首先检查发动机油底壳及高压油泵的机油，水箱冷却水、燃油箱及进油管的燃油状况，确认各油储量足够时准备启动。操作者坐在驾驶员座椅上，轻轻拧动方向盘下综合开关的钥匙，旋至启动位置(Q)，持续 5 s 左右，发动机在启动电机的带动下开始转动，运转平稳后迅速松开启动钥匙，让其恢复至原位，启动结束。

(3)启动发动机 5 min 后，在低速时接合发动机离合器。当所有工作部件和各个机构都运转正常时，再逐渐增加发动机转速。

3. 空载运转检查

玉米籽粒收获机在进行空载试运转时，启动发动机后，要进行下列检查(必须是经过专业培训的人员进行)。

(1)检查各液压油缸和液压齿轮泵及液压系统工作情况、液压管路和液压件的密封情况。

(2)检查电气设备和信号装置工作情况。

(3)检查玉米联合收获机行驶中的刹车制动情况。

(4)经过 20 min 空载试运转后，分离发动机离合器，熄灭发动机，检查轴承是否发热，检查传动带和链条的传动情况和各连接部位的紧固情况。

(5)用所有的挡位依次接合，对收获机进行行走试运转，同时检查液压系统、电气设备和信号装置工作情况。空载试运行不少于 2 h，行驶运行不少于 1 h。

4. 作业试运转

收获机在新机初用、机器大修和每个作业期开始时，最初的 20 h 建议使用Ⅰ挡作业，发动机的负荷不超过额定功率的 75%。当作业试运转结束后，要彻底检查各部件的装配紧固程度，对液压、电气设备加以调整，对各工作部件的调整间隙进行检查，更换所有减速箱和闭合齿轮箱中的润滑油。

5. 作业区的调查

玉米联合收获机的生产率、收获质量与作业区的工作条件有关。了解地块、玉米产量和生长状态是驾驶员正确掌握收获机作业速度的关键。作业区地块的坡度不超过 8°、平坦、地长，才能充分发挥玉米联合收获机的生产效率。

对作业区调查的内容有：了解收获机进地的道路条件；地块大小、长短；地表干湿情况；玉米行间垄高；有无砖头瓦块、卵石、铁丝、灌溉管道、电线杆及地拉线等异物；玉米种植行距应在 55～70 cm 范围内；玉米茎秆粗细，最低结穗高度≥35 cm；果穗直径及长度；玉米茎秆倒伏状况、折弯和果穗下垂情况以及玉米产量等。上述调查内容分别影响收获生产率、收获质量、机器零件的安全与机手的劳动强度。机手要做到事先心中有数，方能安全、可靠、优质、高效地进行收获作业。

在对作业区进行调查后，要做好如下准备工作：平整好进地道路，在预收的地头割出不少于 8 m×8 m 的作业辅助区，或摘取不少于 8 m 宽的作业辅助区内的玉米果穗。防止因收获机转弯时的碾压造成收获损失。为提高生产效率，减少收获机地头转弯太多，耗费时间，应把作业区分成几个区域进行转圈收获。

6. 正常作业的规则

为了使玉米联合收获机在作业中不中断和有效工作，应遵守下列主要原则。

(1)选择机器作业适宜的速度，若过低或过高，将造成作业效率低或作业质量差。

(2)正确选择和使用运输工具，这会给玉米联合收获机的生产率产生很大影响。果穗箱一般在3～7 min就可以满箱待卸。由于4YZ-4型玉米联合收获机作业生产率高，满箱时间短，如果运粮车不能及时到位，将影响作业生产率。

(3)玉米联合收获机在田间作业时，要定期检查秸秆粉碎质量和割茬高度，适时调整本机作业速度和秸秆切碎机的高度。割茬高度一般控制在100 mm，90%以上的被粉碎物长度不超过100 mm。

(4)根据玉米最低结穗高度、秸秆倒伏、折弯情况，适时调整收获台扶持器顶尖离地高度。收获倒伏玉米时，扶持器顶尖距地面可调低些，但不允许撞地。

(5)苞叶剥净的质量判断是以不露籽粒而剩1～2片苞叶为最佳。无皮裸露籽粒的光果穗，易产生掉粒和籽粒破损，注意籽粒破损率不得大于1%。

当收获玉米秸秆含水率较低、果穗下垂率高的玉米时，果穗苞叶剥净率高，无苞叶的光果穗比例较大，若有掉粒，需拆掉后部的剥皮钉，前端留2～3个剥皮钉较好，以减少籽粒损失。

当收获玉米秸秆含水率高的玉米时，如苞叶剥净率不能达标，要检查：a. 压穗轮距剥皮辊的距离应为10～15 mm；b. 是否有缠绕现象；c. 剥皮胶辊是否磨损；d. 剥皮辊上的剥皮钉凸出的高度是否过低或已磨损；e. 压穗轮上的胶板是否磨损。

(6)要注意各工作机构的工作情况，不允许工作部件堵塞。搅龙、升运器、剥皮器和茎秆切碎装置是容易产生堵塞和缠绕的部件，应注意及时清理，否则将会导致收获质量的下降，造成玉米联合收获机零部件的损坏。防止的方法：一是注意选择相适应的收获前进速度；二是当发现有堆积现象时，玉米联合收获机停止前进1～2 min，让各工作部件继续运转，以便果穗和其他物料从工作部件中排出，特别是在收获机到地头时，否则收另一趟时原来未排出的和新喂入的堆积，其工作部件容易造成阻塞。

(7)当割台损失增大时，应检查摘穗板之间的工作间隙是否合理。间隙过大，籽粒损失大；间隙过小，会使大量的玉米叶、茎秆碎段混入玉米果穗中，引起堵塞。

(8)当玉米联合收获机转弯时或遇横沟时，应把摘穗台及茎秆切碎机升到安全位置。玉米联合收获机转弯时行驶速度要放慢，可通过调无级变速手柄来解决，否则易损坏机器。

(9)玉米联合收获机作业前，应平稳地结合工作部件离合器，油门由小逐渐加大，使切碎滚筒从低速增到额定转速。手油门拉到底，此时油门最大，当切碎滚筒达到额定转速后，收获机才能进行收获作业。

(10)茎秆切碎装置的传动带不允许张得过紧，过紧会使轴受损而引发故障。

(11)作业时，应注意发动机的油压、油温、水温和电流表指示的读数是否正常。

(12)启动发动机时注意持续启动时间不得超过15 s，再次启动时需等60 s后才能进行。

(13)发动机不工作时，一定要拉下总开关，切断电源。

(二)再调整

1. 摘穗机构的调整

(1)摘穗辊间隙的调整　摘穗辊调整以能在拉茎辊中前部将玉米穗摘下为宜，同时保证将穗以上的茎秆也拉到辊的下方，防止拉断茎秆。

①如果割台摘穗辊处断茎秆过多，且有果穗自割台摘穗板向下掉落，则可能是摘穗辊间隙过小，此时应适当增大摘穗辊之间的距离，使间隙增大。

②如果果穗大部分要到摘穗板中后方才能摘下，并在后部出现带穗秸秆积堵现象，或有大量未被摘穗的断秸秆现象，则表明摘穗辊间隙过大，此时应适当缩短两辊间的距离，使距离变小。

(2)拨禾链的张紧　收获机工作一段时间后，链条与链轮配合间隙变小，链条伸长，会使链产生一个很大的轴向推力，当这个推力大于弹簧对被动齿垫的压力时，被动齿垫就会向后做轴向移动，脱开与主动齿垫的啮合而停转，变速箱主轴则不再转动，从而保护以后的工作部件，并提醒机手停车检修。弹簧的压力在出厂前已按要求基本调整好，若在作业中发现不能正常工作，应检查弹簧预紧长度是否符合要求，用调整螺母进行调节。

2. 粉碎机留茬高度的调整

(1)粉碎机工作时，应保证甩刀刀片与地面有一定的距离，即留茬高度。留茬可避免使用甩刀打土引起刀片的过度损坏。当地面有杂物(砖瓦、石块等硬物)存在时，留茬还可以避免使甩刀刀刃崩裂。

(2)调整地辊支臂在粉碎机侧壁三孔中的上下位置，可获得三个不同的留茬高度。留茬高度的调整因地面状态的不同而不同，硬地面、低地埂作业时可稍低些；软地面、高地埂作业时应稍高些。

(3)严禁甩刀直接打土，否则会引起甩刀轴振动，损坏甩刀轴轴承，还会因粉碎机阻力过大使得粉碎机传动带长时间打滑而过度磨损，甚至断裂。更严重的还可由于甩刀阻力的过大波动，造成甩刀刀座的断裂或使粉碎机变速箱传动部件损坏。

3. 粉碎机三联带的张紧

粉碎机是玉米收获机上消耗动力最大的工作部件，三联带是粉碎机的第一级传动，必须有可靠的张紧，才能保证粉碎效果。作业过程中，长期工作会引起三联带拉长，如不及时张紧会引起带打滑，使甩刀转速下降，粉碎质量下降。

❖ **步骤3**：正式收获

问题 4-2-12：启动发动机时应注意哪些问题？

问题 4-2-13：收获机作业机构的操作包括哪些内容？

问题 4-2-14：电器的操作包括哪些内容？

问题 4-2-15：灯光的操作包括哪些内容？

(一)收获机行走和变速

发动机启动后，驾驶员左脚将离合器踏板踩到底，行走变速箱离合器呈分离状态，变速箱输入动力被切断，右手操纵行走变速手柄，自Ⅰ挡位置，感觉挡位可靠时缓慢放松脚踏板，使行走变速箱离合器平稳结合，收获机按Ⅰ挡速度行进。行进时，左脚离开离合器踏板，以防行走离合器处于半结合状态而烧坏摩擦片。

按以上操作，变换行走变速手柄在各挡位的位置，收获机即可获得Ⅱ、Ⅲ、倒挡行走速度。收获机行走时，操纵行走无级变速手柄，即可获得各个挡位的高低速。右脚踩下脚油门踏板，收获机行走速度会提高，踩至底，速度最高。右手扳动座椅右侧的手油门手柄，行走速度变化，扳至最前速度最低；反之，速度最高。

收获机非作业时行走，一般用脚油门控制车速，收获作业时行走，一般用手油门控制车速，并且用最高速位置。

（二）收获机制动、停车和熄火

收获机作业时制动，首先要切断主离合动力，使机组工作机构停止运转，然后将无级变速手柄放在最低速，并将粉碎机升离地面。

收获机行进时需要制动停车，首先要将油门放松至最小供油状态，左脚将行走离合踏板踩到底，操纵行走变速手柄至空挡位，挡位正确可靠后松开行走离合踏板至自由状态，左脚离开踏板。右脚平稳踩下制动踏板，收获机将在惯性作用下滑行不超过 5.5 m 后停下。发动机低速运转 2～3 min 后，左手拉动熄火拉线，使发动机熄火。

发动机呈停机状态时应注意：严禁熄火前轰油。熄火后将钥匙退回“s”位，截断电磁泵电源，停止供油、长期停车需抽出钥匙，并切断电源总闸。

（三）作业机构的操作

1. 主离合器的结合、分离

发动机主离合器负责向割台、粉碎机、升运器提供动力。结合主离合器，各部位同时转动；分离主离合器，各部位同时停止转动。

结合主离合器前，秸秆粉碎机应升离地面，防止甩刀非作业时打地。发动机平稳运转，驾驶员操纵主离合操纵手柄，使主离合器结合，各部位开始运转；反向操纵手柄，迅速使主离合器分离，各部位停止转动。

注意：操纵主离合器手柄应迅速并轻柔；过慢会烧损摩擦片，过于用力会使摩擦片爆裂。

2. 割台升降

取下割台两侧支撑座，摘下油缸安全卡，并悬挂于指定位置。发动机平稳运转时，驾驶员操纵割台升降手柄即可实现割台的升降。

3. 粉碎机升降

摘下油缸安全卡，并悬挂于指定位置。发动机平稳运转时，驾驶员操纵粉碎机升降手柄即可实现粉碎机的升降。

注意：作业过程中，严禁粉碎机未升离地面时结合主离合器，以防阻力过大损坏离合器摩擦片或损坏粉碎机传动带。

4. 粮仓卸粮

发动机平稳运转时，驾驶员操纵卸粮手柄即可实现粮仓的翻转。

注意：严禁粮仓过满，否则易造成洒粮；严禁非作业时用粮仓装运其他物品，以防事故。

（四）电器的操作

1. 仪表的认读和判断

收获机使用的是组合仪表，分为水温表、转向指示、机油压力表、电压表、电压报警等。水温表显示发动机冷却水的出水温度，正常工作时指示应为 80～95 ℃，超出此范围需检查发动机散热系统或检查发动机故障。机油压力表显示发动机主油道机油压力。额定工况时压力应指示 0.3～0.5 MPa；怠速时不低于 0.05 MPa；当机油温度达到 95～100 ℃时，压力允许略低于 0.3 MPa。当机油压力过低时，报警灯亮需及时补充机油。电压表指示蓄电池及发动机启动电压，一般指示为 12～14 V。低于 12 V，表示蓄电池因发动机多次启动后电压下降；高于 12 V，表示发动机运转过程向蓄电池充电。当蓄电池电压过低时，报警灯亮，需进行充电。空滤器报警指示灯：主滤芯被灰尘或杂物堵塞，吸气压力过低时，指示灯亮，提示保养滤芯或清理堵塞物。

2. 灯光的操纵

(1)组合开关左手柄操纵

①示宽　将手柄向后转至第 I 挡，驾驶室前面两侧的示宽小灯长明，同时粮仓两侧粮仓组合尾灯外侧尾灯长明，均起示宽照明作用，供夜间作业和转移之用。

②照明　将手柄向后继续拧至第 II 挡，则前大灯及前后示宽灯均长明，供夜间作业和转移之用。

③转向　将手柄向转向方向扳动。转向方内侧小灯和同侧组合尾灯内侧尾灯闪烁，同时仪表盘上转向指示灯闪烁，示意转向。转向完毕后，将开关扳回至中立位置。

④大灯变光　将手柄向上扳，大灯由远光变近光；向下扳，由近光变远光；反复扳动，远近光变化，用于夜晚或雾天行驶会车。

(2)组合开关右手柄操纵　右手柄控制工作灯，向前扳动手柄，灯亮，保证夜间作业照明。此手柄处带红色拉出按钮，用于控制卸粮灯，拉出即亮，保证夜间卸粮照明。

❖ **步骤 4**：收获机的维护和保养

问题 4-2-16：每日技术保养包含哪些？

问题 4-2-17：设备保管包含哪些内容？

问题 4-2-18：液压系统的维护和保养包含哪些内容？

(一)每日技术保养

(1)每日工作前应清理玉米联合收获机上各部件残存的尘土、苞叶和其他污物。

(2)观察和检查各部件连接情况，必要时加以紧固。特别注意检查摘穗台、切碎装置与机架的连接，输送器的刮板上螺栓的紧固情况，前后车轮与轮毂的紧固情况，前桥管梁焊合与边减机座、与机架的连接螺栓的紧固情况，发现松动及时紧固。

(3)检查传动链条、V 带、吸入输送链的张紧度，必要时进行调整，损坏时应及时更换。

(4)检查摘穗台齿轮箱、传动箱、变速箱的润滑油是否有泄漏和不足，若有应及时修理和补充。

(5)检查液压系统液压油是否有泄漏和不足，若有应及时维修和补充。

(6)清理发动机体上、水箱、除尘罩和空气滤清器。

(7)发动机按其说明书进行技术保养。

注意气温对燃油牌号的影响。当气温在 0 ℃时，应采用－10＃柴油；在－10 ℃时，应采用－20＃或－35＃柴油。

(二)润滑

玉米联合收获机的一切转动、滑动部分都要及时、仔细和正确地进行润滑,从而提高玉米联合收获机的可靠性,减少摩擦力及功率的消耗。4YZ-4 玉米收获机关键部位采用了两面带密封圈的轴承,提高了整机的可靠性。玉米收获机各润滑部位的润滑方式详见表 4-2-1。

表 4-2-1　4YZ-4 型玉米联合收获机润滑位置及润滑周期表

序号	名称	润滑点数	润滑剂	润滑说明	备注
1	被动拨禾链轮轴承	6	锂基	1 次/60 h	
2	割台导入锥轴承	6	锂基	1 次/12 h	
3	割台齿轮箱拉茎辊轴承	6	85 W/90	1 次/年	更换齿轮油
4	割台齿轮箱拨禾轴轴承	6	高速润滑脂	1 次/年	蓝色
5	割台齿轮箱立轴轴承	6	85 W/90	1 次/年	更换齿轮油
6	割台搅龙轴承	2	锂基	1 次/班	
7	割台中间轴轴承	2	锂基	1 次/班	
8	输送器被动轴轴承	2	锂基	2 次/季	
9	割台支撑轴轴承	2	锂基	1 次/班	
10	前桥边减从动轴轴承	2	锂基	1 次/年	32015 型号
11	前桥边减从动轴轴承	2	锂基	1 次/年	32017 型号
12	前桥边减主动齿轮轴轴承	4	锂基	60 h	
13	无级变速主动轮轴承	1	锂基	2 次/季	
14	升运器主动轴轴承	2	锂基	1 次/30 h	
15	剥皮机左半轴轴承	2	锂基	1 次/12 h	
16	剥皮辊轴承	16	锂基	1 次/12 h	
17	压送轴轴承	6	锂基	2 次/季	
18	振动筛支撑轴Ⅰ轴承	2	锂基	1 次/30 h	
19	振动筛支撑轴Ⅱ轴承	2	锂基	1 次/30 h	
20	后桥羊角轴横轴轴承	2	锂基	1 次/季	32210 型号
21	后桥羊角轴横轴轴承	2	锂基	1 次/季	32207 型号
22	后桥羊角轴竖轴轴承	2	锂基	1 次/季	
23	剥皮机张轮轴承	1	锂基	2 次/季	
24	滚筒	1	锂基	2 次/季	GBH 288—1991
25	茎秆还田机滚筒(带轮侧)	1	锂基	1 次/12 h	GBH 283—1994
26	振动筛驱动轴轴承	2	锂基	1 次/12 h	
27	茎秆还田机张紧轮轴承	1	锂基	1 次/12 h	

(三)液压系统的维护和保养

(1)检查液压油箱的油面时,应将割台及其他液压油缸缩至最短位置,如液压油不足时应予补充。

(2)新玉米联合收获机工作 30 h 后应更换液压油，以后每年换一次。

(3)加油时应将油箱加油口周围擦干净，拆下并清洗滤清器，将新油慢慢地通过滤清器倒入。

(4)液压油倒入油箱前应沉淀，保证液压油干净，不允许含有水、砂、铁屑、灰尘或其他杂质。

(5)玉米联合收获机收获时间较长，温差较大。早玉米夏收时气温高达 35 ℃，东北的玉米收获期在 11 月份，气温将低至零度以下。

依据环境气温，液压系统用油采用如下规定：当环境温度在 10 ℃以上时，选用 YB-N46 号抗磨液压油；当环境温度在 10 ℃以下时，选用 YB-N68 号抗磨液压油，当供货有困难时，可以用 YA-N46 和 YA-N68 号普通液压油分别替代 YB-N46 和 YB N68 抗磨液压油；当 N46 号液压油货源不及时，以 N68 号替代 N46 号液压油。

(四)轮胎的使用和保养

轮胎的使用寿命在很大程度上取决于正确的使用和维护，应注意以下几点。

(1)每班工作前，应检查轮胎的压力，使之符合规定要求。

(2)轮胎不得沾润滑油和柴油。

(3)工作结束后要检查轮胎，清除黏附在外胎上的污渍。

(4)行驶中不要急转弯和在坏路面上快速行驶。

(五)蓄电池的维护和保养

(1)蓄电池电解液的配制：请专业人员配制。

(2)用充电机给蓄电池充电：请专业人员进行。

(3)蓄电池的维护与保管

日常维护：经常清理蓄电池表面污垢，保持排气栓通气良好。

机器正常作业时，每 15 天应认真检查连接条、极柱、输出接线的接触情况和牢固程度，彻底清除接线端子的氧化物及锈蚀。

电池失水时应及时补充纯水，防止极板暴露出液面而氧化和降低利用率(切勿补加电解液)。

对加有电解液的蓄电池应充足电存放，且每一个月左右补充电一次。

(六)保管方法

玉米联合收获机长期保管时，必须做完以下准备工作，然后将其存放在干燥的库房内。

(1)打开机器上的全部窗口、盖子、护罩，仔细清除其内外的尘土、作物残余和污物。必要时可做部分拆卸，里里外外必须清除干净。

(2)取下全部带并擦干净，系上标签，交库保存。

(3)卸下链条，放在柴油或煤油中清洗，再涂上机油，装回原位，但不得张紧。

(4)拆卸和查看机器时，如发现零件或部件需要更换，应换上备用零部件。

(5)在一切未涂油漆的金属表面，以及工作中受摩擦的地方，均应涂防锈油。

(6)将割台降下放在垫木上，前后轮桥用千斤顶顶起，并垫好垫木。

(7)卸下蓄电池，进行专门的检查与保管。

(8)卸下燃油箱及油管，用柴油清洗后放回原处，并拧紧各处的油口塞、盖和接头。

四、任务总结评价

➢ 任务完成清单

班级：　　　　姓名：　　　　学号：

任务二　玉米收获机作业任务完成清单								
序号	玉米收获机作业	是否完成	完成日期	资源学习（资源序号）	是否完成	完成日期	是否存在疑问	是否解决
1								
2								
3								
4								
5								
6								
7								
8								
9								
10								
11								
12								
13								
14								
15								
学生签名：				指导教师签名：				
任务完成情况自评：（ A B C D E ）				任务完成情况教师评价（ A B C D E ）				

说明：等级评价为A、B、C、D、E五级，在评价的等级符号上圈圆

注：1. 完成全部分项任务的为A；2. 完成80%以上但未完成全部分项任务为B；3. 完成60%～80%分项任务为C；4. 完成40%～60%分项任务为D；5. 完成40%以下分项任务为E。对于资源学习和疑问提出情况，指导教师依据学生表现酌情评价。

➢ 任务评价

班级：　　　　　姓名：　　　　　学号：

任务二　玉米收获机作业任务完成评价单		
评价内容	评价要素	等级评价
信息检索	有效利用网络资源，工作手册查找有效信息	
	能够有条理地解释、表达所学的知识及技能	
	能将检索的信息进行有效转换	
感知工作	熟悉专业、认同职业工作价值	
	在任务完成中收获成就感	
参与状态	能够尊重教师、同学，达成相互理解	
	能够与教师、同学之间保持多向、丰富、适宜的信息交流	
	探究学习，具备一定自主学习能力，善于处理好合作学习和独立思考的关系，做到有效学习	
	能提出有意义的问题或能发表个人见解；能按要求正确实施操作；能够倾听、协作分享	
	积极参与任务中，在学习与工作过程中不断学习，综合运用信息技术的能力获得提高	
学习方法	工作计划、操作技能是否符合规范要求	
	是否获得进一步发展的能力	
工作过程	遵守任务操作规程，操作过程符合任务实施管理要求	
	上课出勤情况，任务完成情况	
	能多角度主动发现问题，提出有价值的问题	
思维状态	善于提出问题、分析问题、解决问题；创新意识	
	按时按质完成任务	
自评反馈	较好地掌握专业知识点、技能点	
	具有较强的信息分析能力和理解能力	
	具有较为全面严谨的思维能力，并能条理清晰地表述成文	
任务完成中自我成功小故事描述		

说明：等级评价为 A、B、C、D、E 五级

➢ 任务完成过程收获总结

时间：　　年　　月　　日　　班级：　　　姓名：　　　学号：　　　教师评级等级：

说明：任务完成过程收获总结主要表述在完成过程中的学习收获，要阐述清楚有益的经验和做法，字数≥300 字，并制作 PPT 报告，教师评价等级为 A、B、C、D、E 五级，综合评价文本总结和 PPT 报告两部分内容

项目总结活动

项目总结活动主要要完成展示任务完成作品、自评、总结心得、PPT 学习总结报告等。

➢ 项目完成清单

班级：　　　　　　姓名：　　　　　　学号：

项目四　玉米生产机械化收获技术项目完成清单								
序号	项目设计内容	是否完成	任务收获总结	是否完成	任务评价成功小故事	是否提炼出成功小故事	任务完成难点	是否解决
1								
2								
3								
4								
5								
6								
7								
8								
9								
10								
学生签名：				指导教师签名：				
任务完成情况自评：（ A B C D E ）				任务完成情况教师评价（ A B C D E ）				

说明：等级评价为 A、B、C、D、E 五级，在评价的等级符号上圈圆

➢ 项目评价

班级：　　　　姓名：　　　　学号：

项目四　玉米生产机械化收获技术项目完成清单			
评价内容	评价要素	能力提升自评等级	能力提升教师评价
信息检索	有效利用网络资源，工作手册查找有效信息		
	能够有条理地解释、表达所学的知识及技能		
	能将检索的信息进行有效转换		
感知工作	熟悉专业、认同职业工作价值		
	在项目完成中收获成就感		
参与状态	能够尊重教师、同学，达成相互理解		
	能够与教师、同学之间保持多向、丰富、适宜的信息交流		
	探究学习，具备一定自主学习能力，善于处理好合作学习和独立思考的关系，做到有效学习		
	能提出有意义的问题或能发表个人见解；能按要求正确实施操作；能够倾听、协作分享		
	积极参与项目，在学习与工作过程中不断学习，综合运用信息技术的能力获得提高		
学习方法	工作计划、操作技能是否符合规范要求		
	是否获得进一步发展的能力		
工作过程	遵守任务操作规程，操作过程符合项目实施管理要求		
	上课出勤情况，项目完成情况		
	能多角度主动发现问题，提出有价值的问题		
思维状态	善于提出问题、分析问题、解决问题；创新意识		
	按时按质完成项目		
自评反馈	较好地掌握专业知识点、技能点		
	具有较强的信息分析能力和理解能力		
	具有较为全面严谨的思维能力，并能条理清晰地表述成文		
请罗列出项目完成过程中自我成功的小故事			

说明：等级评价为 A、B、C、D、E 五级

➢ 项目完成过程收获总结

时间：　　年　　月　　日　　班级：　　　姓名：　　　学号：　　　教师评级等级：

说明：任务完成收获主要总结表述在完成过程中学习收获，要阐述清楚有益的经验和做法，字数≥300字，并制作PPT报告，教师评价等级为A、B、C、D、E五级，综合评价文本总结报告、PPT报告两部分内容

参考文献

欧阳安，樊晨龙，赵慧慧，等．玉米全程机械化现状与装备研究进展[J]．中国农机化学报，2022，43(6)：207-214.

崔涛，樊晨龙，张东兴，等．玉米机械化收获技术研究进展分析[J]．农业机械学报，2019，50(12)：1-13.

毕梦琪，张金霞，陈凯凯．玉米种植机械化技术应用分析[J]．南方农机，2023，54(13)：93-95.

陈飞．基于农机农艺结合的玉米生产机械化系统研究[J]．农机使用与维修，2022，(08)：38-40.

柳燕飞．春玉米机械化播种技术要点[J]．种子科技，2023，41(3)：67-69.

程建峰．玉米生产全程机械化技术特点与农机选型探讨[J]．农业技术与装备，2023(3)：83-85.

王开生．玉米机械化收割的发展现状及应用技术[J]．新农业，2022(15)：19-20.

鲍永军，袁志明，姚蕾，等．玉米机械化增产栽培技术的推广应用[J]．农业技术与装备，2023(1)：45-47.

乔金友，吴广硕，韩兆桢，等．规模化玉米机械化茬耕整地技术选择与机组性能试验[J]．东北农业大学学报，2019，50(11)：71-78＋96.

陈国建，满芳芳，马守义，等．玉米秸秆全量还田耕整地模式对比[J]．农机科技推广，2019(7)：49-50.

赵丽平．玉米生产中机械化耕整地形式及其特点总结[J]．农机使用与维修，2020(5)：98.

张金伟．东北地区玉米全程机械化作业模式与特点[J]．农机使用与维修，2019(5)：16-17.

王庆杰，曹鑫鹏，王超，等．东北黑土地玉米免少耕播种技术与机具研究进展[J]．农业机械学报，2021，52(10)：1-15.

李玉环，孟鹏祥，耿端阳，等．玉米播种深度智能调控系统研究[J]．农业机械学报，2016，47(S1)：62-68＋42.

宋英博，张洪权，王囡囡，等．黑龙江省三江平原地区玉米高质量播种技术[J]．现代农业科技，2022，(15)：55-58.

王秀珍，邱立春．中耕深松对土壤蓄水及玉米根系生长的影响[J]．沈阳农业大学学报，2011，42(5)：630-633.

张成亮．玉米大垄双行中耕施肥机施肥铲的设计[J]．农业技术与装备，2018(12)：78-79.

王福义．玉米中耕深松机械化作业及机具研究[J]．农业科技与装备，2013(10)：74-75.

陈文龙．玉米免耕播种施肥喷药一体机的研制[J]．农业机械，2018(11)：85-86.

张春辉．玉米中后期田间管理技术要点[J]．种业导刊，2016(5)：15-16.

朱玲，杨玉芹．农业信息化在玉米种植田间管理技术中的应用[J]．农业工程技术，2022，42(15)：66＋80.

钱蕾．玉米收割机械保养及检修技术[J]．现代农村科技，2022(12)：121-122.

杨文俊．玉米收获机的规范使用与维护保养技术[J]．农机使用与维修，2022(2)：75-77.

俞娟．玉米收获机械关键装置结构特点及发展趋势[J]．农业工程与装备，2021，48(6)：17-19.

孙明慧．玉米收获机械化技术的推广应用研究[J]．农机使用与维修，2022(7)：73-75.

付超．玉米收获机专用摘穗装置结构的改进和推广应用[J]．农机科技推广，2022(4)：43＋50.

薛明，魏元振，房联，等．收获机械安全技术要求状况分析[J]．农机质量与监督，2019(11)：22-23.

欧文妍．循环式粮食烘干机设计与应用[D]．华南农业大学，2020.

欧文妍．循环式粮食烘干机设计与应用[D]．广东：华南农业大学，2020.

李振．粮食烘干机选型和烘干工艺的重要性[J]．现代化农业，2023(5)：88-90.

李理，胡建蓉，杨娟，等．烘干粮食（玉米、稻谷）在储藏过程中储存品质变化规律研究[J]．粮食储藏，2022，51(4)：29-34.

冯指名，王小萌，谢奇珍，等．不同烘干工艺参数对玉米品质的影响[J]．中国粮油学报，2021，36(9)：36-41.

王涛，姜伟，张书远，等．探讨较高水分东北烘干玉米的综合管理措施[J]．现代食品，2020(17)：1-3.

胡翠霞．玉米秸秆机械化收获与秸秆还田措施研究[J]．种子科技，2022，40(6)：139-141.

刘德军，周艳吉，刘坤，等．秸秆回收式玉米收获机割台设计与试验[J]．中国农机化学报，2020，41(4)：19-23.